U0251690

病毒家族

主　　编：陈　杉

副 主 编：耿晓霞　李夕雯　陈思屹　黄诗惠

插图设计：周芷琦　卿　松　乔韵可　祝藤轩

四川大學出版社
SICHUAN UNIVERSITY PRESS

图书在版编目（CIP）数据

病毒家族 / 陈杉主编. — 成都 : 四川大学出版社, 2023.12

（“奇妙世界”科普书）

ISBN 978-7-5690-5898-7

Ⅰ. ①病… Ⅱ. ①陈… Ⅲ. ①病毒－少儿读物 Ⅳ. ① Q939.4-49

中国国家版本馆 CIP 数据核字 (2023) 第 243970 号

书　　名：病毒家族
　　　　　Bingdu Jiazu
主　　编：陈　杉
丛 书 名：“奇妙世界”科普书

出 版 人：侯宏虹
总 策 划：张宏辉
丛书策划：张宏辉
选题策划：周　艳　张　澄　倪德君
责任编辑：倪德君　张　澄
责任校对：于　俊
装帧设计：墨创文化
责任印制：王　炜

出版发行：四川大学出版社有限责任公司
　　　　　地址：成都市一环路南一段 24 号（610065）
　　　　　电话：（028）85408311（发行部）、85400276（总编室）
　　　　　电子邮箱：scupress@vip.163.com
　　　　　网址：https://press.scu.edu.cn
印前制作：成都墨之创文化传播有限公司
印刷装订：四川盛图彩色印刷有限公司

成品尺寸：185mm×260mm
印　　张：7
字　　数：105 千字

版　　次：2023 年 12 月 第 1 版
印　　次：2023 年 12 月 第 1 次印刷
定　　价：76.00 元

扫码获取数字资源

四川大学出版社
微信公众号

目 录

第一章
病毒基础知识

第二章
人类病毒

第三章 其他脊椎动物病毒

第四章 无脊椎动物病毒

第五章 植物病毒

第六章 真菌病毒及原生生物病毒

第七章 细菌病毒及古菌病毒

CHAPTER 1

第一章 病毒基础知识

ELEMENTARY KNOWLEDGE ON VIRUS

什么是病毒

病毒是介于**生命体与非生命体**之间的一种**物质形式**，

因此我们说它是**边缘生命**。

病毒没有细胞结构，是微生物中最小的生命实体。

其组成很简单，包括由一个或几个**核酸分子**组成的**基因组**，

以及一层蛋白或脂蛋白构成的保护性**外壳**。

病毒是可以在一定宿主细胞中**自我复制的感染性因子**。

病毒也是**地球生态系统**中微观而**重要的组成部分**，

无处不在，**数量惊人**，

具有让人惊叹的多样性。

病毒对**地球生态**、**人类生活**和**生产**产生了巨大影响。

有些病毒不仅可以感染**人类**导致疾病，

还可以感染**动物**、**植物**、**原生生物**，甚至感染**细菌**，

我们称这类病菌为病原体。

而有些病毒对其宿主则是有益的。

病毒学极简史

18 世纪

18 世纪天花的流行导致成千上万人死亡。英国乡村医生爱德华·詹纳（Edward Jenner）发现那些得过牛痘的挤奶工对天花有抵抗力，如果将牛痘脓疱中的提取物注射到健康人身体内，就可以使他们获得与挤奶工同样的对天花的抵抗力。詹纳于 1798 年发表了上述研究成果，这也是疫苗的雏形。但当时人们并不知道导致天花或牛痘的根源是病毒。

之后，法国微生物学之父路易斯·巴斯德（Louis Pasteur）先后发明了鸡霍乱疫苗、狂犬病疫苗等多种疫苗。

在细菌学说占统治地位的年代，巴斯德并不知道病毒的存在，但他观察到患过某种传染病并获得痊愈的动物，之后对该传染病都有了免疫力。因此他用减毒的炭疽、鸡霍乱病原体分别免疫绵羊和鸡，获得了成功。他通过减毒的方法，研发出了狂犬病疫苗，并完成了人类历史上第一针疫苗接种。

19 世纪

1898 年，病毒学的开创者马丁努斯·威廉·拜耶林克（Martinus Willem Beijerinck）通过过滤实验证明烟草花叶病的病原体比细菌还要小，并由此推论烟草花叶病是由一种比细菌还小的新的病原体引起的，他把这种病原体命名为“Virus”（病毒），由此“病毒”一词开始出现。

同年，德国的弗里德里希·洛弗勒（Friedrich Loeffler）和保罗·弗罗施（Paul Frosch）发现人畜共患、传染性极强的口蹄疫是由可滤过性的病毒引起的。

20 世纪

1901 年，瓦尔特 • 里德（Walter Reed）证明严重威胁古巴和巴拿马军队的黄热病，是通过一种叫作带纹覆蚊的蚊子（后被称作埃及伊蚊）携带的病毒传播的。

1908 年，威廉 • 埃勒曼（Vilhelm Ellerman）和奥拉夫 • 班（Oluf Bang）发现了一种可引起鸡白血病的病毒。

1911 年，弗朗西斯 • 佩顿 • 劳斯（Francis Peyton Rous）发现一种可以在鸡中引起实体瘤的病毒——劳斯肉瘤病毒，第一次证明了动物的癌症是可以传染的。

1935 年，美国科学家温德尔 • 斯坦利（Wendell Stanley）用盐析法从植物细胞中分离出高纯度的烟草花叶病毒晶体，提示病毒是由蛋白质和核酸（RNA）组成，这引发了一个持续到今天的争论：病毒到底有没有生命？

20 世纪 50 年代，罗莎琳德 • 富兰克林（Rosalind Franklin）用 X 线衍射技术研究烟草花叶病毒晶体的精细结构。而她的研究被詹姆斯 • 沃森（James Watson）和弗朗西斯 • 克里克（Francis Crick）用于发现 DNA 双螺旋结构。根据这一发现弗朗西斯 • 克里克提出了“中心法则”，即 DNA 指导 RNA 的合成，RNA 再指导蛋白质的合成。

1970 年，霍华德 • 特明（Howard Temin）和大卫 • 巴尔的摩（David Baltimore）同时发现了逆转录酶，彻底改写了病毒复制的“教科书”。科学家们认为，逆转录病毒（Retrovirus）对生物的遗传进化产生深远的影响。

1979 年，哈罗德 • 瓦慕斯（Harold Varmus）和迈克尔 • 毕晓普（Michael Bishop）在研究劳斯肉瘤病毒时发现第一个逆转录病毒致癌基因。

病毒学大事年表

19 世纪 90 年代

1892 年　植物病毒可以通过植物的汁液传播这一现象被发现。

1898 年　烟草花叶病毒(Tobacco Mosaic Virus）和口蹄疫病毒（Foot and Mouth Disease Virus）被发现。

1901 年　黄热病（Yellow Fever）的病原体黄热病毒被发现，这也是第一个被发现的人类病毒。

1903 年　狂犬病病毒（Rabies Virus，RV）感染人的情况被发现。

1908 年　威廉・埃勒曼和奥拉夫・班发现导致鸡白血病的病毒。

1911 年　弗朗西斯・佩顿・劳斯在鸡中发现可致肿瘤的病毒，将其命名为“劳斯肉瘤病毒”（Rous Sarcoma Virus）。

1915 年　弗雷德里克・图尔特发现可侵袭细菌的病毒，费利克斯・德赫雷尔将其命名为“噬菌体”（Phage）。

1935 年　温德尔・斯坦利分离了烟草花叶病毒晶体，并推论病毒是由蛋白质和核酸构成的。

1939 年　赫尔穆特・鲁斯卡在透射电子显微镜下观察到了烟草花叶病毒微小的杆状颗粒，并获得了第一张病毒照片。

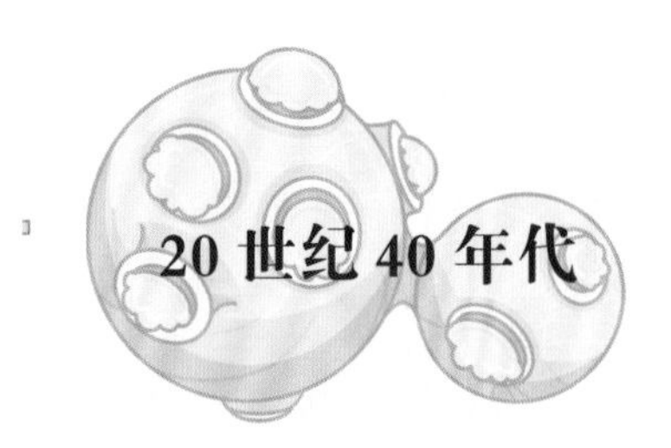

1945 年　研究发现噬菌体可以发生突变。

1949 年　脊髓灰质炎病毒（Poliovirus）被发现可以用细胞进行培养。

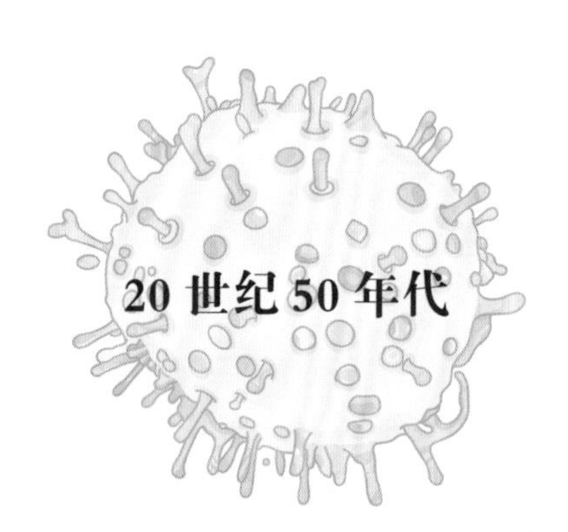

1950 年　世界卫生组织（World Health Organization，WHO）发起了通过疫苗接种消灭天花的运动。

1952 年　阿弗雷德·赫希和玛莎·蔡斯用细菌和病毒证实 DNA 是遗传物质。

1952 年　乔纳斯·索尔克利用细胞培养扩增减毒病毒，研制了脊髓灰质炎疫苗。

1953 年　通过组织培养等方法从呼吸道感染患者的标本中分离获得第一个鼻病毒（Rhinovirus，RhV）。鼻病毒可导致普通感冒。

1955 年　罗莎琳德·富兰克林描绘了烟草花叶病毒晶体的精细结构。

1956 年　发现烟草花叶病毒的遗传物质只含有 RNA 和蛋白质，确认其遗传物质是 RNA。

1964 年　逆转录病毒被发现。

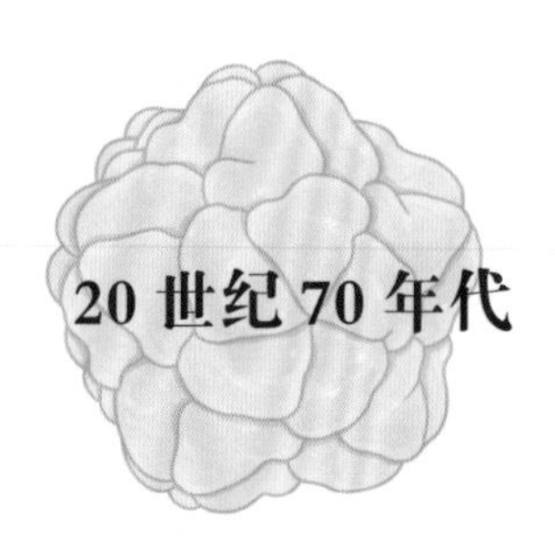

1970 年　霍华德·特明和大卫·巴尔的摩发现了逆转录酶，它能将 RNA 逆转录为 DNA。

1976 年　首次记载埃博拉病毒（Ebola Virus）感染在刚果（金）（旧称扎伊尔）暴发。

1976 年　完成了第一个 RNA 病毒基因组测序（噬菌体 MS2）。

1978 年　完成了首个传染性病毒的互补 DNA（cDNA）克隆。

1980 年　第一个人类逆转录病毒被发现。

1981 年　完成了第一个具有传染性的哺乳动物病毒（脊髓灰质炎病毒）的 cDNA 克隆。

1983 年　聚合酶链反应（Polymerase Chain Reaction，PCR）的出现使病毒的分子检测发生了革命性的变化。

1983 年　发现艾滋病（Acquired Immune Deficiency Syndrome，AIDS）病原体是人类免疫缺陷病毒（Human Immunodeficiency Virus，HIV）。

1986 年　获得了首个能抗病毒的转基因植物。

1998 年　发现基因沉默是一种抗病毒反应。

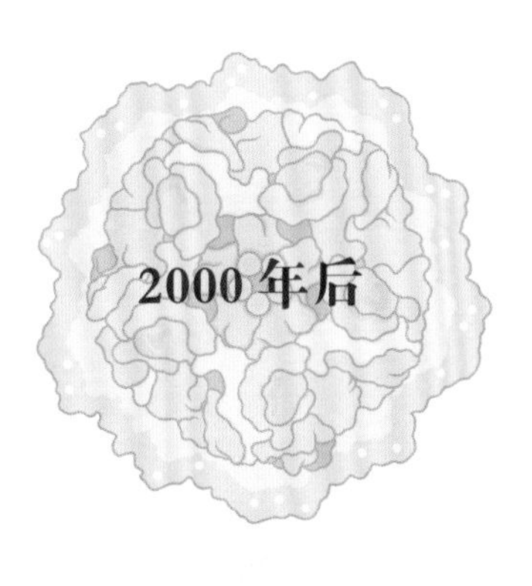

2001 年　人类基因组测序发表，其中仅逆转录病毒序列就不低于 8%。

2001 年　病毒宏基因组学（Viral Metagenomics）研究开始发展。

2002 年　暴发严重急性呼吸综合征疫情。

2003 年　发现巨病毒（Girus）。

2006 年　第一个人类抗肿瘤疫苗人乳头瘤病毒（Human Papilloma Virus，HPV）疫苗研制成功。

2014 年　从永冻土中复活 3 万年前巨病毒。

2014 年　西非暴发严重的埃博拉出血热疫情。

2019 年　新型冠状病毒感染疫情暴发。

关于病毒的争论

病毒是活的生命体吗?

这个问题曾引起科学界的重大争论。

有些科学家认为:

病毒只有在感染细胞后才具有生命形式,

在作为病毒粒子的时候不能独立存在和繁殖。

现代医学认为:

病毒是介于生命体与非生命体之间的一种物质形式,

因此我们说它是边缘生命。

病毒的分类方法

大卫·巴尔的摩根据病毒产生信使RNA的方式,提出了一个病毒分类方法。

I类病毒

与细胞生物一样,
其遗传物质为双链DNA,
可直接作为信使RNA的模板。

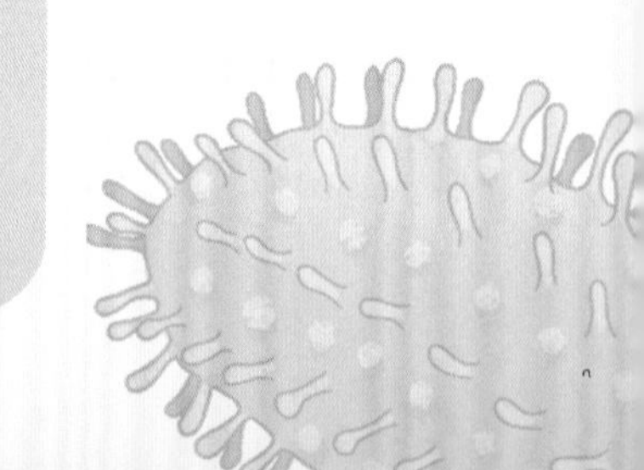

Ⅱ类病毒

其遗传物质为单链 DNA，
这类病毒感染后需要先形成
双链 DNA，
才可作为信使 RNA 的模板。

Ⅲ类病毒

其遗传物质为双链 RNA，
可直接作为信使 RNA 的模板。

Ⅳ类病毒

其具有单股正链 RNA，
可以直接作为信使 RNA，
但在复制前，
需要先合成互补的负链，
并以此为模板合成新的正链 RNA。

Ⅴ类病毒

其具有单股负链 RNA，
可以直接作为
合成信使 RNA 的模板。

Ⅵ类病毒

也就是逆转录病毒，
遗传物质为 RNA，
可利用逆转录酶将 RNA 转换
成 RNA/DNA 杂合体，
然后进一步转换成双链 DNA，
并以此为模板转录生成信使 RNA。

Ⅶ类病毒

其基因组 DNA 可以作为模板
生成信使 RNA，
但在复制过程中
也会形成一个 RNA 的“前基因组”，
然后用逆转录酶再变回 DNA。

病毒是如何复制的

病毒的复制和细胞完全不一样，它们不是一个分裂为 2 个、2 个分裂为 4 个这样增裂的，而是一次会复制出上百个病毒基因组，因此有些病毒在感染一周内会复制出数千亿个病毒基因组。

在大卫・巴尔的摩的分类系统中，每类病毒都具有不同的基因组复制方式。这里以 I 类病毒为例。

1 病毒在宿主细胞表面着陆，并将自己的核酸注入宿主细胞中。

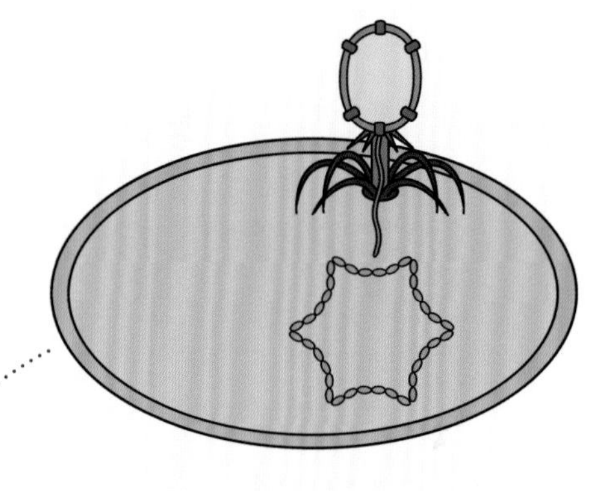

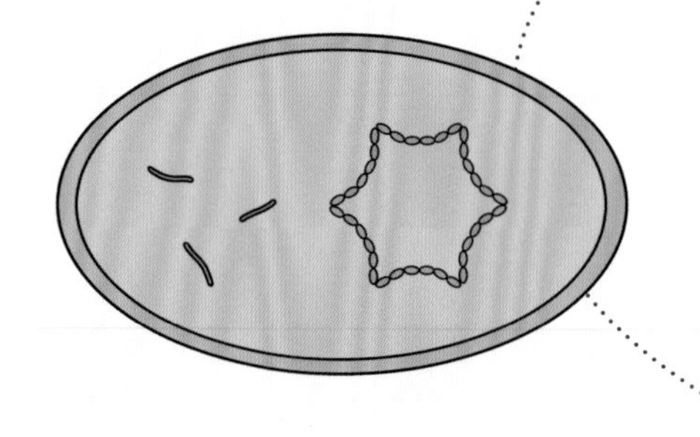

2 病毒的基因组完全释放到宿主细胞中。

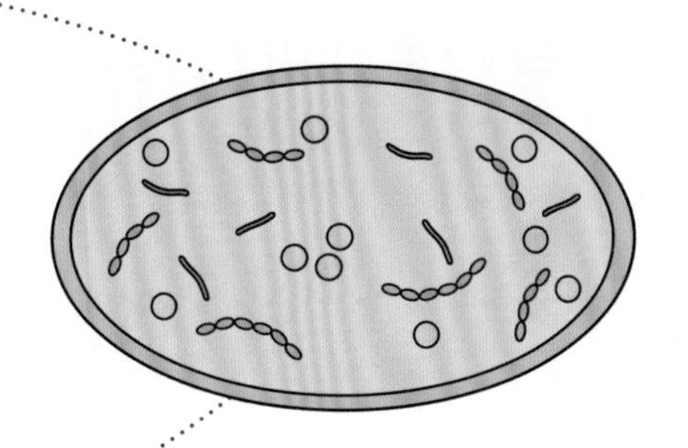

3 病毒诱导宿主细胞 DNA 降解，用于自身核酸的复制和蛋白质的合成。

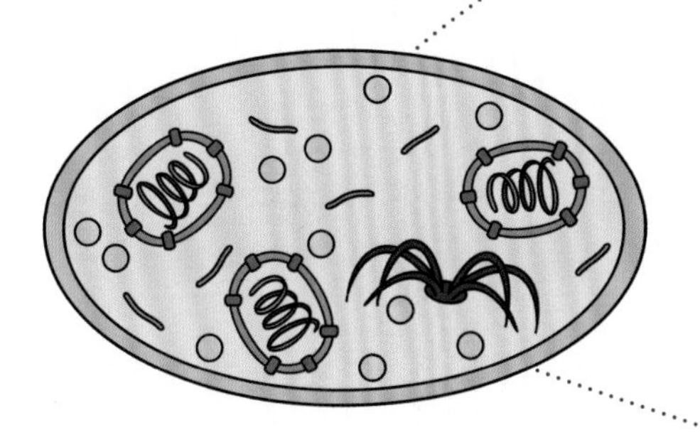

4 完成核酸复制后，病毒开始组装自己的组成部分，新复制的病毒核酸被包装到病毒蛋白中。

5 完成组装。

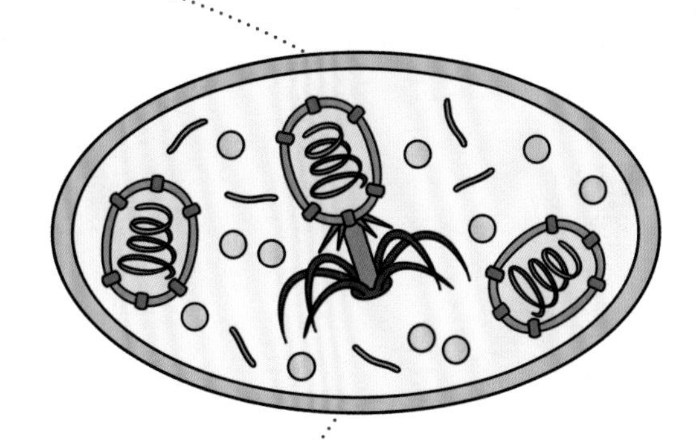

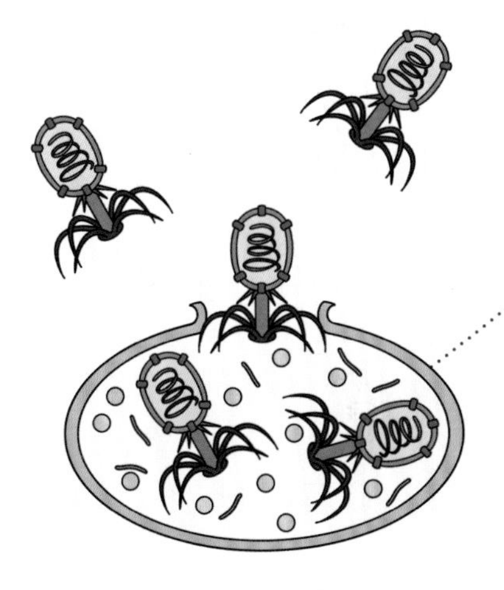

6 病毒颗粒充满宿主细胞后，会导致细胞裂解，病毒被释放，进而开始新一轮的病毒复制循环。

病毒是如何传播的

水平传播

水平传播是指从一个宿主个体传到另一个宿主个体，比如主要通过呼吸道传播的流感病毒，主要通过蚊子传播的登革热病毒和黄热病毒，以及主要通过性接触传播的人乳头瘤病毒。

垂直传播

垂直传播是指从亲代传到子代，如乙型肝炎病毒可以通过胎盘，从母亲传到胎儿。有些病毒同时兼具两种传播方式，如乙型肝炎病毒也可以通过输血等途径进行水平传播。

一只吸血后的白纹伊蚊。蚊子是许多病毒的传播媒介，有些病毒在蚊子体内可复制。

植物病毒通常靠昆虫传播，如白粉虱。在一些昆虫中，病毒可以存活相当长时间，甚至可以复制；而另一些病毒可能只能存活 1 小时左右。

牧畜，比如羊，可能会传播一些结构稳定的植物病毒。农具，如除草机，也可能进行类似的传播。

病毒丰富多彩的生活方式

病毒与宿主通常具有十分稳定的关系。这种稳定关系表现在病毒能利用宿主细胞，但通常并不给宿主带来危害。这是因为一个健康的宿主更有利于病毒的繁殖，病毒不会做对自己不利的事情。

有的病毒造成宿主生病和死亡，说明二者的关系刚刚开始，还处于磨合的初级阶段，因此时常相互“博弈”。比如人类免疫缺陷病毒（HIV）会导致人类患艾滋病，有研究认为它是从猴子经过黑猩猩跨种传播到人类的。还有流感病毒，在其原始宿主水禽身上并不会导致疾病，跨种传播到人类就能引起致死性疾病。

还有些病毒与宿主的关系是一种有益的共生关系。比如老鼠携带的疱疹病毒会帮助它们有效预防细菌感染，如鼠疫；有些寄生蜂的卵离开病毒就无法发育。

近 20 年的研究发现，病毒在地球各种环境中都存在，它们安静地生活在宿主身上，甚至从宿主亲代传播到子代，共同生活很多代。伴随着科学技术的发展，我们对病毒生态的了解会越来越深入。

神奇的免疫反应

在和有害病毒抗争的过程中，人体会启动两种防疫机制。

先天性免疫

人类的先天性免疫，首先是阻止病毒入侵的物理防线，如口腔、鼻腔黏膜，胃肠道中的酶类。当这些物理防线未能挡住病毒时，人体的免疫系统就开始工作。在感染的地方通常会发生炎症反应，一种称为巨噬细胞的白细胞会对外来入侵者进行吞噬，此时人的体温会上升，发热开始了。病毒一般对高温不耐受，它们不能在太热的环境中复制。

获得性免疫

人类的获得性免疫，又称为适应性免疫，是专门为特定入侵病原体量身定制的免疫反应。这种机制使机体能够识别“自我”，将入侵者辨识为“非我”，并进行靶向分解。与此同时，一旦初次遭受“非我”成分攻击，获得性免疫机制将记住这种病原体，使机体在一段时间内或者终身获得对这种病原体的免疫力。

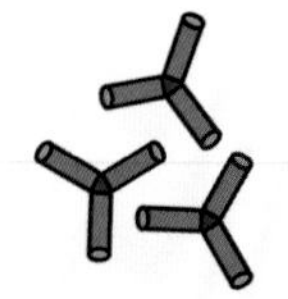

抗体
特异性地攻击入侵者

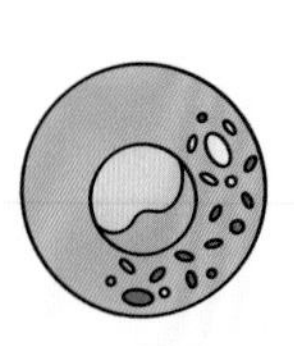

B 细胞
生产抗体

巨噬细胞
吞噬和消化外来物

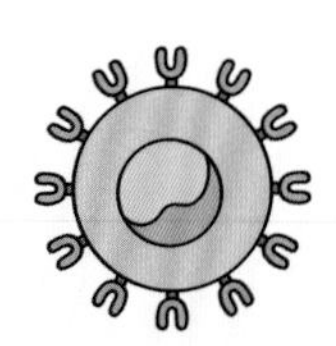

T 细胞
辅助免疫反应

相比于人类以及其他脊椎动物，植物有着不同的免疫体系。病毒通常通过穿透植物细胞壁的伤口进入植物体内。不同植物的免疫反应有所不同，我们以三种植物对 RNA 病毒的免疫反应为例。

CHAPTER

2

第二章

人类病毒

····HUMAN VIRUS····

本章所选择的一部分病毒是极为人们熟知的，如天花病毒、埃博拉病毒、麻疹病毒、SARS 新冠病毒、新型冠状病毒，它们曾在历史上暴发流行，给人类带来灾难。还有一部分病毒是因为其独特的生物学特性而被选择，如登革病毒、JC 病毒、诺如病毒等。这些病毒不仅对病毒学、免疫学、分子生物学等研究具有重要意义，也具有极高的科普价值。让大众了解这些病毒的信息，是本章的目的所在。

Human Immunodeficiency Virus

人类免疫缺陷病毒

导致艾滋病的病毒（BOSS 病毒 1）

第一例艾滋病临床病例于 20 世纪 80 年代被发现，说明人类免疫缺陷病毒感染人类的历史并不久。人类免疫缺陷病毒源自野外灵长类动物，最初可能是由于人类捕杀食用猿类，从黑猩猩传播到人类。

人类免疫缺陷病毒主要有三种传播途径，分别是**母婴传播**、**血液传播**、**性接触传播**。这种病毒最初通过性接触传播，也通过共用的注射器在吸毒者中传播。被感染后的个体在很长一段时间都不会发病，要数年后才会被发现，这也导致了这种病毒在人体内大量复制扩散，制造一系列的矛盾和危机。

人类免疫缺陷病毒并不会让其他灵长类宿主生病，它的目标似乎只有人类。被它感染的人类会感到头痛、乏力和恶心，经常发生感冒以及各类皮肤损伤，最终让人丧失基本的免疫力。尽管现在已有一些有效的药物治疗，但价格昂贵，患者终身都无法摆脱病毒带来的折磨。目前没有任何疫苗可以预防这个病毒感染。

Severe Acute Respiratory Syndrome Coronavirus

SARS 冠状病毒

引发 SARS 的病毒

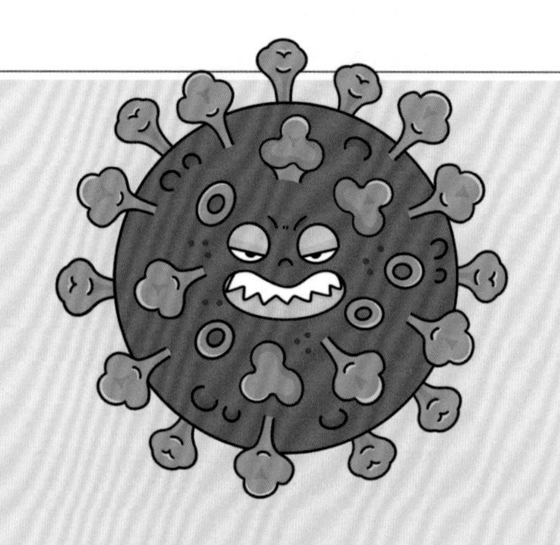

冠状病毒是自然界广泛存在的一大类病毒，这类病毒在电子显微镜下可见冠状外观，因此而得名。

冠状病毒最早于 19 世纪 30 年代从鸡的身上被分离出来。它只感染脊椎动物，如人、牛、狗、猪、猫、鸡、鼠等。

冠状病毒曾引发多次全球范围内的大流行，严重急性呼吸综合征（SARS）就是其中的一种，曾在 2002 年掀起全球性传染浪潮，它的病原体被命名为 SARS 冠状病毒。

SARS 冠状病毒源于野生动物，可能是通过果子狸等野生动物传染给人，具有极高的传染性和约 10% 的致死率，在老年人身上致死率甚至高达 50%。

SARS 冠状病毒一旦进入人体，会潜伏一周左右，随着时间的推移，感染者开始出现发热，这正是 SARS 冠状病毒开始在体内搞破坏的信号，接着出现头痛、关节酸痛、乏力。SARS 冠状病毒会影响人类的呼吸系统，表现出咳嗽并伴有痰中带血等症状，甚至引发呼吸衰竭而导致死亡。

SARS-CoV-2

新型冠状病毒

引发 COVID-19 的病毒

新型冠状病毒（SARS-CoV-2）是科学家发现的第七种可以感染人的冠状病毒。它在近几年引发了肆虐全球的新型冠状病毒感染（COVID-19）疫情，并在复制过程中不断适应环境产生突变。

目前可以确定的新型冠状病毒的传播途径主要为直接传播、气溶胶传播和接触传播。直接传播是指患者打喷嚏、咳嗽、说话时产生的飞沫，呼出的气体被近距离直接吸入导致的感染；气溶胶传播指飞沫混合在空气中，形成气溶胶，被人吸入后导致感染；接触传播是指飞沫沉积在物品表面，人手接触被污染后，再接触口腔、鼻腔、眼睛等，导致感染。

养成健康的生活习惯，增强免疫力，勤洗手、常通风，流行季节少去人多的场所是有效的预防手段。

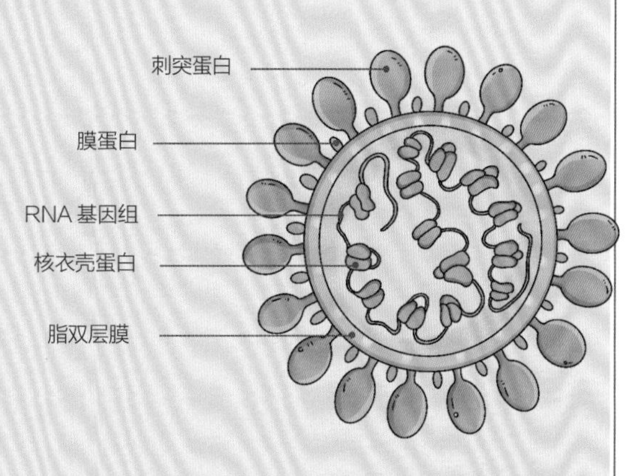

新型冠状病毒横切面

Variola Virus

天花病毒

曾在数百年前造成瘟疫的病毒

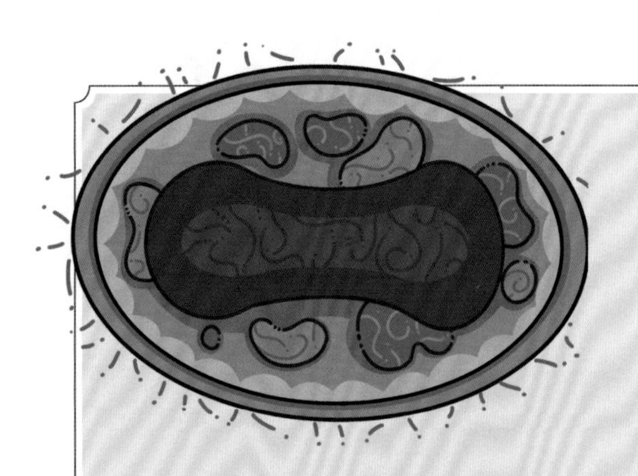

天花，英文名“Smallpox”（小痘），是为了与它的兄弟梅毒“Largepox”（大痘）区分开来。

数百年前，天花病毒是人类社会躲不开的梦魇，是致死率高达25%的极强病毒，人类一旦被它感染，只能听天由命。

1796年，英国乡村医生爱德华·詹纳发现牛痘疱疹提取物可以增强人们对天花的免疫力，虽然当时人们还不清楚其中的机制，但由此天花疫苗被研发出来，并广泛使用。20世纪70年代，WHO宣告天花病毒被完全根除，它也是人类历史上第一个被宣告根除的病毒。

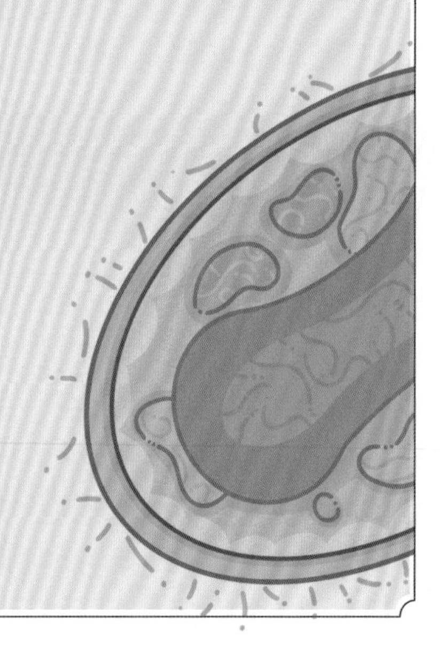

West Nile Virus

西尼罗病毒

卷土重来的病毒

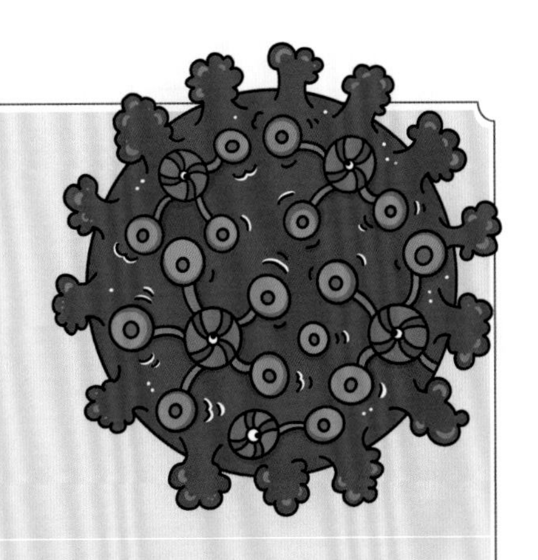

早在 1937 年，西尼罗病毒就被报道发现于乌干达。自 20 世纪 90 年代开始，西尼罗病毒先后在多地暴发疫情。

2012 年，西尼罗病毒在美国暴发大规模的传染疫情，夺去了数百人的性命。

西尼罗病毒的适应力极强，其主要宿主是蚊子、鸟类、马和人类。不仅如此，它的感染能力也出类拔萃，对于那些免疫力相对低下的老年人和儿童来说，西尼罗病毒是极其危险的。如果不幸被西尼罗病毒感染，发热、头痛、喉咙痛等肉体之苦是少不了的，它还会对免疫力低下的宿主的中枢神经系统发起全力进攻——可能导致宿主感染脑膜炎甚至瘫痪。

迄今为止，人类还未研制出能够预防西尼罗病毒的有效疫苗，其特效药也仍在研发中。

Dengue Virus

登革病毒

依靠蚊子传播的病毒

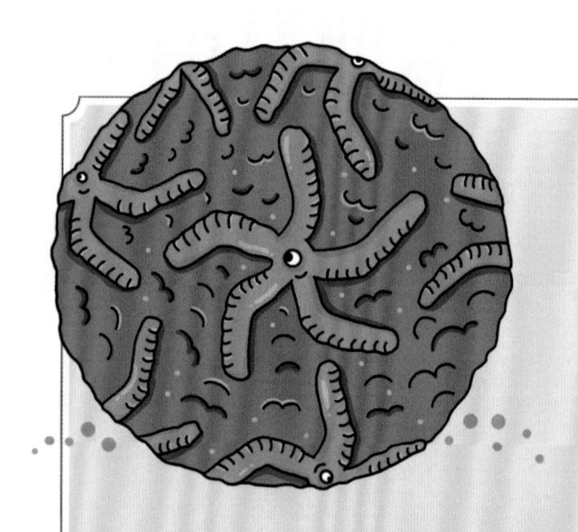

第一次有记载的登革热暴发出现在18世纪，当时它席卷亚洲、非洲和美洲。

登革热的进一步暴发则是在第二次世界大战之后。第二次世界大战之后，很多乡村居民搬到了城市，而登革病毒的传播武器就是埃及伊蚊—— 一种更适应城市环境的蚊子，更多的城市人口让埃及伊蚊能够肆意滋生。

登革病毒有四个兄弟姐妹，其中老二是最爱运动的一个，所以活动范围更大。

此外，登革病毒是躲猫猫高手，在感染初期，它并不会展现出威力，等到发作的时候会使人类出现发热以及关节疼痛等症状，甚至发展为更为严重的出血热。

目前登革热的唯一预防方式就是防治蚊虫。

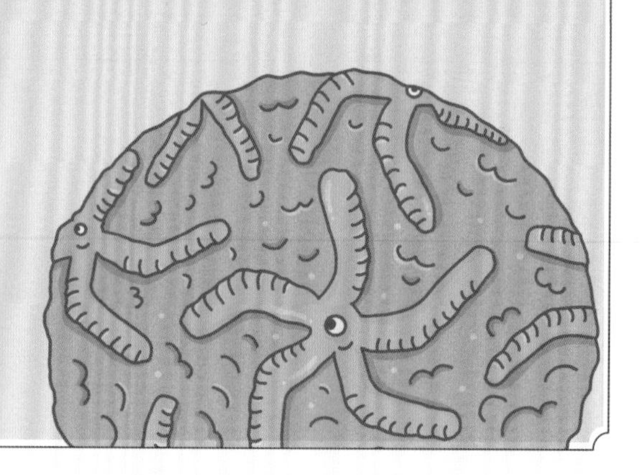

Measles Virus
麻疹病毒

并未消失的人类病毒

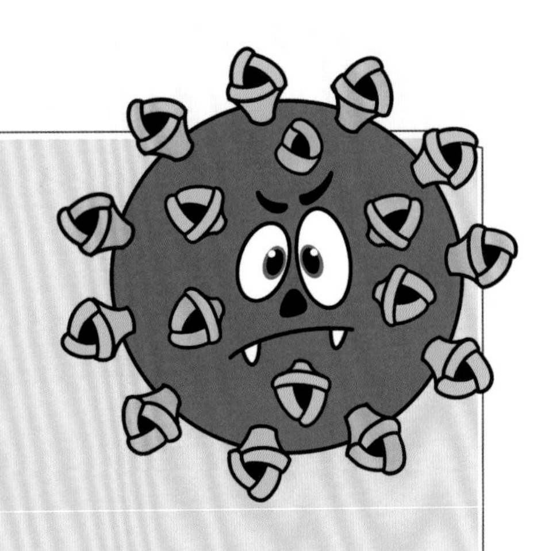

麻疹病毒具有非常高的传染性，喜欢在人类没有形成免疫力的时候进行“偷袭”。

麻疹病毒是从一种叫牛瘟病毒（Rinderpest Virus）的动物病毒进化而来的，因为牛瘟病毒已经被消除，而麻疹病毒又只有人类一种宿主，所以麻疹病毒的传染途径相对单一，较好预防。

童年患过麻疹的人一般会有终身免疫力。麻疹病毒刚开始会引发发热、咳嗽、流鼻涕等症状，然后患者会出现皮疹，可能伴有痢疾、脑部感染、失明等其他并发症。如果孕妇感染麻疹病毒，会导致胎儿先天畸形。

人类要阻止麻疹病毒的传播也不难，使用麻疹疫苗就是很有效的方法。在很多国家，麻疹已成为罕见疾病。我国已将麻疹疫苗纳入免疫规划。

Ebola Virus

埃博拉病毒

一种可怕的致命病毒（BOSS 病毒 2）

第一次关于埃博拉病毒的报道出现在 20 世纪 70 年代中期，而人类最近一次关于它的记忆则是 2013—2015 年它在西非制造的一系列混乱，这次暴发感染了将近 3 万人，其中有超过 1 万人失去生命。幸而这次暴发最终被控制。

埃博拉病毒通常会潜伏在蝙蝠体内，它们对蝙蝠并没有危害，也不通过空气传播。但是一旦通过体液感染人类和其他灵长类动物，就会导致非常严重的症状，如发热、呕吐、休克、器官功能衰竭等，到晚期常出现可怕的出血热。

蝙 蝠

埃博拉病毒在早期是可以控制的，极高的致死率也让病毒只在有限范围内传播，针对埃博拉病毒的医疗防御系统也让它在与人类的博弈中败下阵来。由于人类对埃博拉病毒了解还不彻底，因此每一次人类与野生动物亲密接触的时刻，都可能吹响让它卷土重来的号角。

Norovirus

诺如病毒

导致急性胃肠炎的病毒

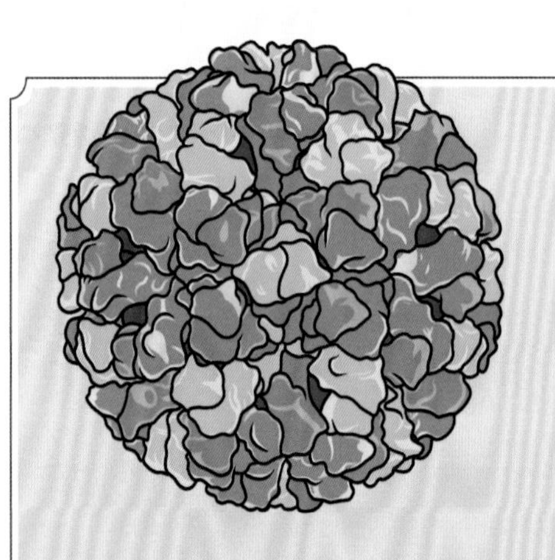

诺如病毒这个名字可能还让人感到比较陌生，但急性胃肠炎应该就耳熟能详了。诺如病毒是病毒家族中非常擅长折磨人类肠道的病毒之一。

诺如病毒的感染周期不长，但它的威力可不容小觑。在它感染人类的第一天就会使人恶心、呕吐、发热、腹痛，所以即便是短暂的感染期也会令人非常不愉快。对于健康的青年来说，诺如病毒不会有太大的攻击性，但是当感染发生在老年人身上时，就会因脱水导致严重后果。

诺如病毒对环境抵抗力强，在0℃到60℃的环境下均可存活。所以诺如病毒也被视为迄今为止病毒家族中感染性最强的病毒之一。

预防诺如病毒的最佳方法是采用正确的洗手方式，以及不吃不干净、未煮熟的食物。

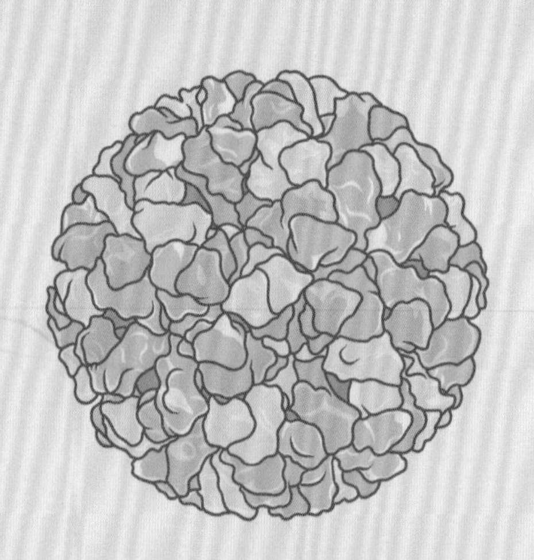

Poliovirus

脊髓灰质炎病毒

小儿麻痹症的元凶

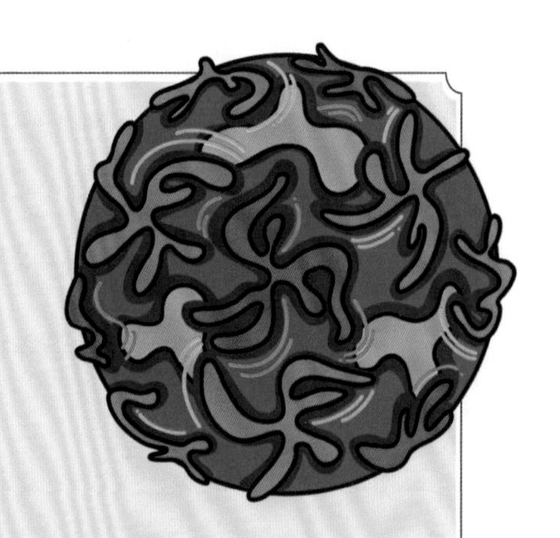

想必你们都听说过小儿麻痹症吧？正是脊髓灰质炎病毒引发了这种可怕的疾病，尽管人类对它的研究从未停歇，但它依然是人类难以根除的病毒之一。

自远古时期开始，脊髓灰质炎病毒就开始感染人类。但在20世纪之前，脊髓灰质炎（Poliomyelitis），也称小儿麻痹症（Infantile Paralysis），都是罕见病症，进入20世纪后，许多青少年和成年人却感染了此病。

婴幼儿期接触到脊髓灰质炎病毒会产生终身免疫力，但如果成长到青少年期才接触脊髓灰质炎病毒，反而会因为没有免疫力而患上脊髓灰质炎。被感染后，病毒会将魔爪伸向人类的中枢神经系统，损害脊髓前角运动神经元细胞，从而使四肢松弛性麻痹。届时感染者可能无法坐起甚至无法翻身，可能会因中枢性呼吸衰竭和中枢性循环衰竭而死亡。

脊椎灰质炎病毒通常以水作为传染媒介，因此使用干净且经过消毒的水源是非常有效的预防手段。

1954年，小儿麻痹症灭活疫苗问世。1962年，大规模普及了制作成糖丸的减毒活疫苗，从而阻止了脊髓灰质炎病毒的传播。

Yellow Fever Virus

黄热病毒

最早发现的人类病毒

黄热病毒早在 16 世纪以前就在非洲局部流行。在其流行地区中，由于人类婴幼儿很早就接触到该病毒，反而具有对它的免疫力。

随后黄热病毒在 17 世纪迁徙到了美洲，造成北美几次黄热病大流行。

黄热病毒的自然界宿主为伊蚊属的蚊子（白纹伊蚊），再通过它们来感染人类。一旦被感染，黄热病毒会迅速扩散到人类局部淋巴结，并不断繁殖，数日后进入血液，形成病毒血症。这一阶段病症相对温和，但 15% 的人会进入第二阶段，出现严重的肝损伤，导致黄疸（特征性的皮肤变黄，这也是黄热病名称的由来），死亡率高达 50%。

1937 年研发出了可以击溃黄热病毒的疫苗，在第二次世界大战期间被广泛使用。

Zika Virus

寨卡病毒

学会新攻击手段的病毒

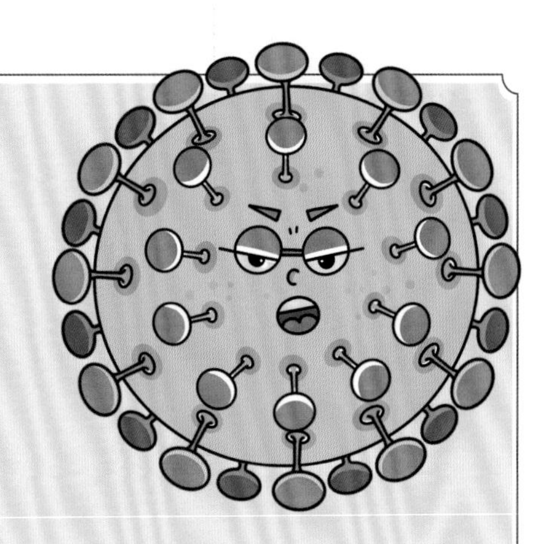

寨卡病毒于 20 世纪 40 至 50 年代发现于乌干达。

此前人类对寨卡病毒并不太关注，可能是因为它对人类并不会造成严重的疾病，只有一部分人会有轻微症状，如低热、关节疼痛、头痛、眼眶痛等，并且持续时间通常不超过一周。

但 2015 年，寨卡病毒在巴西的流行引起了人们的注意，当时一共有数千名被寨卡病毒感染的孕妇分娩出的胎儿为小头畸形儿，这使人们发现了寨卡病毒感染与小头畸形之间的关联。

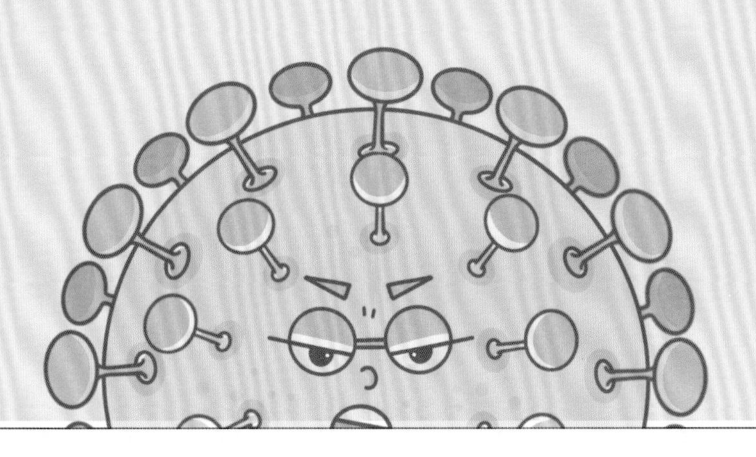

Varicella-Zoster Virus

水痘－带状疱疹病毒

终身感染的病毒（BOSS病毒3）

在疫苗出现之前，大多数人在儿童期都会患水痘。水痘－带状疱疹病毒具有极高的传染性，冬天和春天是它最常出没的季节，而飘散在空中的飞沫则是它的“洞穴”。

跟多数病毒一样，水痘－带状疱疹病毒首先会在人体内潜伏一段时间，这段时间也是它的传染期。对于那些身体素质好、免疫力较强的人来说，水痘－带状疱疹病毒的威胁并不大，但它也会绞尽脑汁地尽可能让人感觉到不舒服，如瘙痒、发热、乏力、丘疹、水疱等。而对那些免疫力低下的人来说，它可就危险了，会引起出血型水痘，还可能并发脑炎、肺炎等更严重的症状。

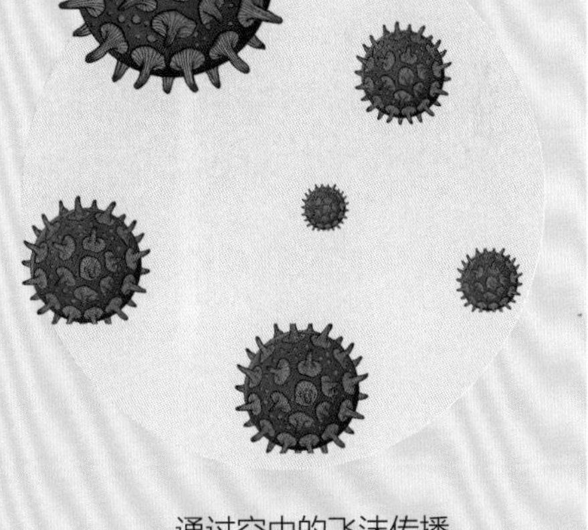

通过空中的飞沫传播

虽然症状不会持续很久，但感染后，人体内会终身携带着水痘－带状疱疹病毒，它们就像一颗颗炸弹一样蛰伏于神经细胞中，并且随时都有可能爆发，爆发时造成的带状疱疹神经痛可能会持续数年。

目前，针对水痘－带状疱疹病毒最有用的预防办法就是接种疫苗。

Chikungunya Virus

基孔肯雅病毒

让人“弯腰”的病毒

基孔肯雅病毒源自非洲，随着人类的迁徙活动不断移动，在20世纪50年代传到了亚洲。近年来，由于全球变暖和交通便利等因素，基孔肯雅热疫情呈不断暴发和蔓延的趋势。

基孔肯雅病毒主要感染对象是灵长类动物，包括人类。埃及伊蚊是它最主要的传播媒介，一般来说，在蚊子体内的它具有更强的攻击能力。

被基孔肯雅病毒感染的患者一般会出现突然发烧、疼痛难忍等症状，它的名字“基孔肯雅”，意思即“令人弯腰屈背”。即使体内已经没有病毒存在，它造成的疼痛可能会持续数月甚至数年。

目前能消灭基孔肯雅病毒的疫苗还在研发当中，人类想要躲避它的攻击最好的方式就是对蚊虫进行防御。在这里要特别提醒城市里的小朋友们，埃及伊蚊非常适应城市的生活环境，在流行季节一定要注意防蚊灭蚊！

Hepatitis C Virus

丙型肝炎病毒

会导致肝癌的病毒

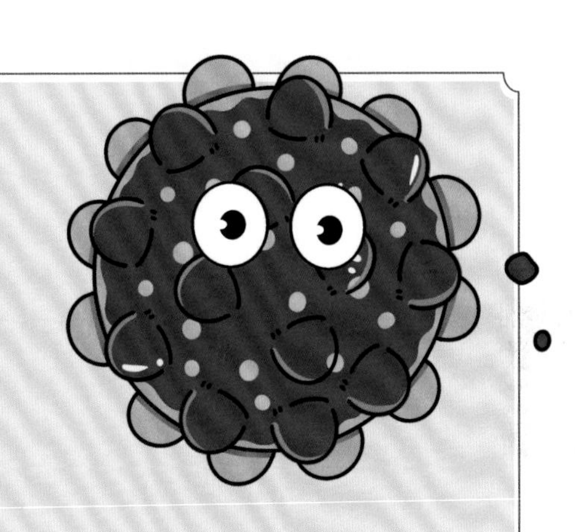

病毒性肝炎是由多种肝炎病毒引起的一组以肝损害为主的传染病。为人熟知的“乙肝”是由乙型肝炎病毒导致的，而相对陌生的“丙肝”则是由丙型肝炎病毒导致的。

丙型肝炎病毒以前主要通过输液传播，吸毒者共用针头也是造成感染的主要方式。当然丙型肝炎病毒也有其他传播方式，如母婴传播和性接触传播。常规性的血源检查使丙型肝炎病毒的感染率显著下降。

丙型肝炎病毒悄悄潜入身体后，感染者会感觉吃什么都没有胃口，精神日益变差。如果没有及时发现丙型肝炎病毒，它会进一步攻击感染者的肝，直到出现肝损伤甚至癌变。

Human Adenovirus 2

人腺病毒 2 型

对分子生物学贡献巨大的病毒

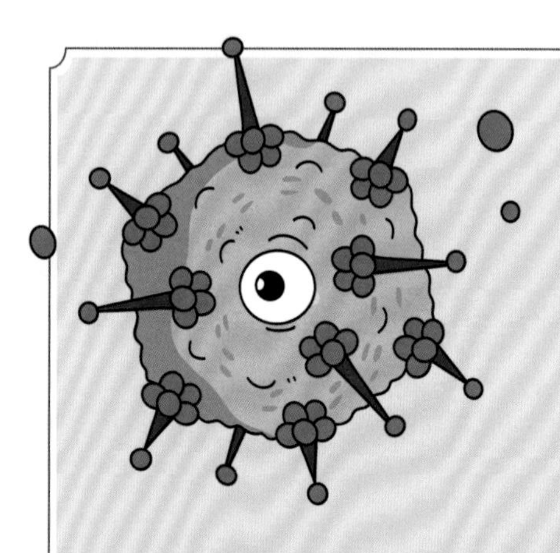

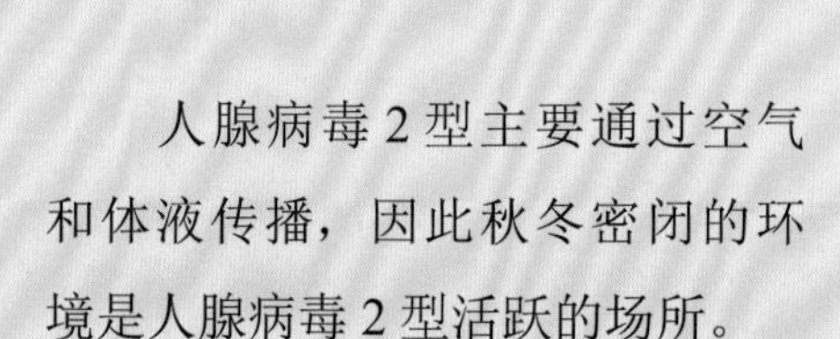

科学家自 20 世纪 50 年代将腺病毒分离出来后，分子生物学的很多基础研究与理论成果都是通过研究腺病毒获得的。从某个层面来说，腺病毒帮助人类知道了有关 RNA 剪切拼接的重要细胞现象。

从病理上来讲，人腺病毒 2 型仍是让人避之不及的病毒。它很容易感染儿童和免疫力低下的人群，感染者会出现全身不适、急性上下呼吸道感染、暴发性眼结膜炎、病毒性胃肠炎、免疫缺陷疾病、急性出血性膀胱炎以及脑炎。

人腺病毒 2 型主要通过空气和体液传播，因此秋冬密闭的环境是人腺病毒 2 型活跃的场所。

如果不想被它感染，锻炼身体、均衡膳食与规律休息缺一不可。

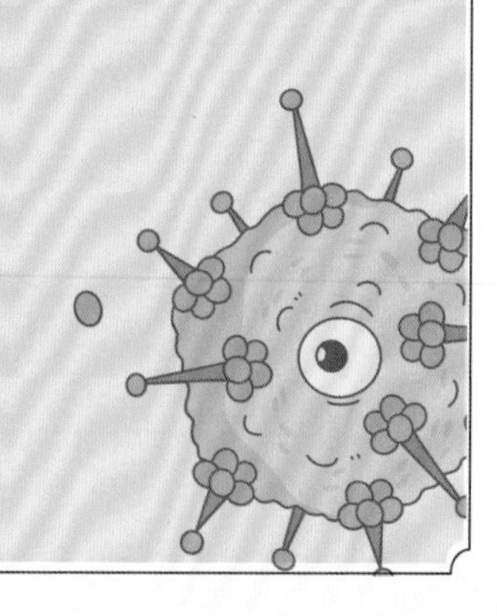

Herpes Simplex Virus 1

单纯疱疹病毒 1 型

容易终身感染的病毒

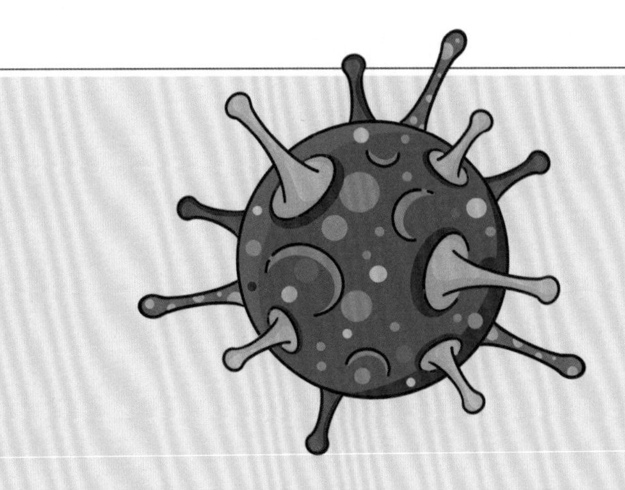

单纯疱疹病毒 1 型和它的同胞兄弟——单纯疱疹病毒 2 型长得十分相似，很难通过抗原检测来区分它们兄弟俩。

不仅如此，它们兄弟俩还是绝佳搭档，世界上六成以上的成年人都曾被它们感染，成为病毒携带者。

单纯疱疹病毒 1 型一般会潜伏于人们的神经束，一旦得手，它就会将战场从神经束转移至皮肤，对人类的黏膜和皮肤造成损伤，导致患者皮肤长出疱疹。这些疱疹不仅影响美观，还带有疼痛感。单纯疱疹病毒 1 型甚至可以感染眼睛导致失明，严重的情况下还会发展成病毒性脑炎或脑膜炎。

感染者破损的皮肤、病变的黏膜以及分泌物都是单纯疱疹病毒 1 型强有力的攻击武器。不想中招的话，就要减少和其他人共用物品，比如刮胡刀、水杯等。

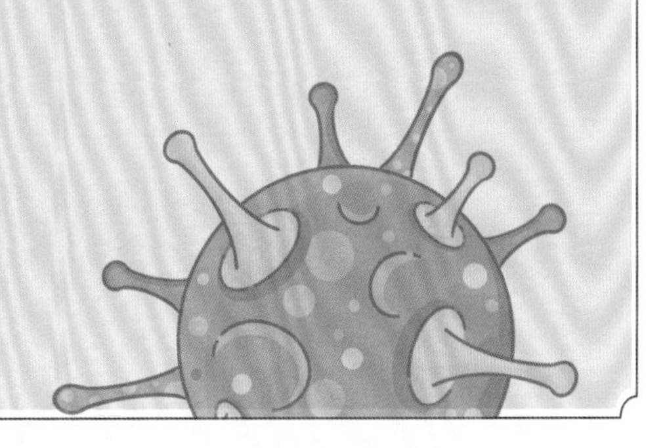

Rotavirus A
甲型轮状病毒

儿童腹泻的罪魁祸首（BOSS 病毒 4）

甲型轮状病毒是全世界非常常见的病毒，在环境中非常稳定。它拥有很多宿主，但主要导致儿童发病。疫苗问世之前，约 90% 的儿童都会在 5 岁以前感染甲型轮状病毒。如果儿童期被感染过，后续再次被感染时一般没有任何症状。

儿童被感染时会出现呕吐、水状腹泻、发热、腹痛症状，如果感染者的体质较差，会出现脱水和代谢性酸中毒等症状，甚至会危及生命。因此治疗期间预防脱水非常重要。感染症状一般会在 3 ～ 7 天内消退。

应对甲型轮状病毒最好的办法是预防，需做到进食前、如厕后洗净双手，在清理呕吐物、粪便及尿液时佩戴手套，并且及时进行清洁消毒。目前已有口服轮状病毒活疫苗上市，为儿童提供保护。

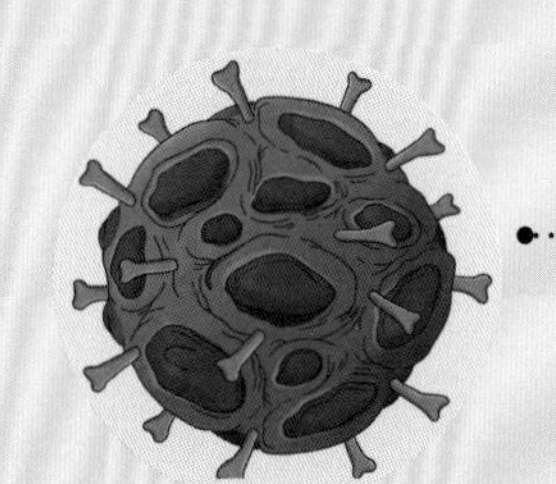

疫苗问世前
90% 儿童 5 岁前会感染

Human Papilloma Virus

人乳头瘤病毒

宫颈癌的罪魁祸首

人乳头瘤病毒还有一个更为人熟知的名字——HPV。

它是一种常见的引起人体皮肤出现尖锐湿疣的病毒。有的人乳头瘤病毒只是让患者变得不那么美观，并不会造成其他伤害，如6型、11型。当然其家族成员中也有十分凶险的角色，如16型和18型，是宫颈癌的罪魁祸首。

人乳头瘤病毒很容易通过性接触传播，也十分擅长隐蔽自己，患者在最开始很难察觉到它的存在。如果患者出现了瘙痒和烧灼感，说明它已经在患者身上潜伏了几个月甚至好几年。

2006年人类研发出了人乳头瘤病毒疫苗，这也是第一个被批准用于预防癌症的疫苗。

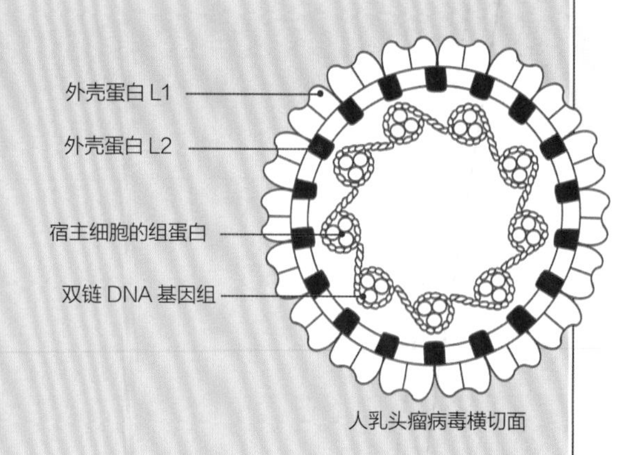

人乳头瘤病毒横切面

Human Rhinovirus A

人甲型鼻病毒

导致感冒的病毒

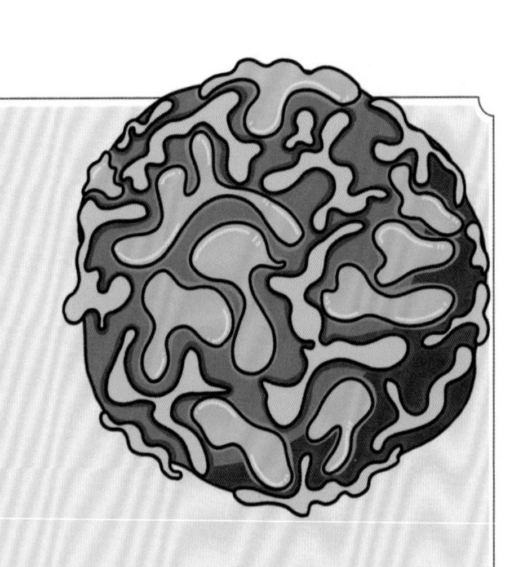

人甲型鼻病毒来自人鼻病毒大家庭，在这个家庭中有上百个兄弟姐妹。

它们时常对人类发起攻击，使人患上感冒。但是不同的人鼻病毒之间也存在着许多差异，有效地避免了触发人类的交叉免疫机制，使得感冒康复后并不能获得针对其他类型人鼻病毒的抗体。

由于人甲型鼻病毒偏好在低于人体体温的环境中繁殖，因此低温时就是它大肆泛滥的时候。而冬季天气寒冷，大多数人都喜欢待在室内，密闭的环境更有利于人甲型鼻病毒的传播。

人甲型鼻病毒会在感染人类后立刻开始复制，虽然在一般情况下，感冒的症状直到几天后才显现出来，但在感冒症状出现之前它的传播效率反而更高，这就使得预防和隔离变得比较困难。

虽然目前大多数人都把感冒看作一种常态，但是多休息、多喝水仍有利于你更快地结束与它的战斗。

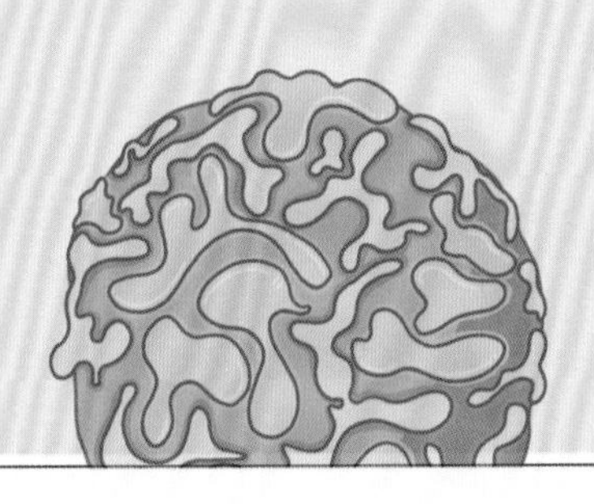

Influenza Virus A

甲型流感病毒

由水禽传染给人的病毒

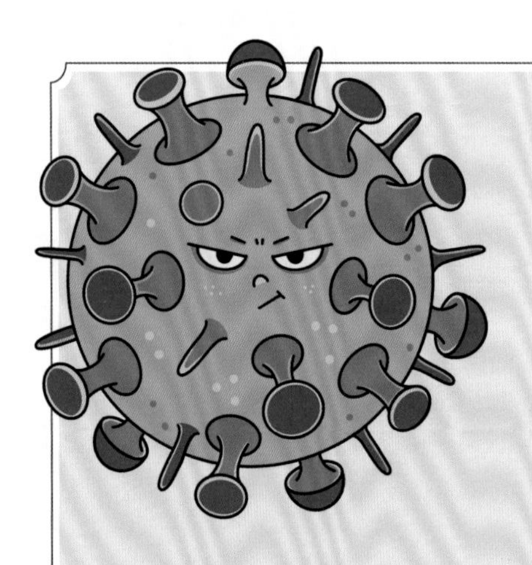

甲型流感病毒是一种常见的流感病毒，曾导致19世纪初流感的大暴发，造成了近4000万人死亡。

甲型流感病毒在自然界的宿主是水禽，但它不会危害宿主。当它跨物种感染哺乳动物后则会造成严重的危害，尤其是对于人类和猪。

人类被感染后会出现上呼吸道感染的症状，如发热、头痛、全身肌肉酸痛、咽喉痛、流涕等，严重时甚至会出现呼吸窘迫，需要气管插管，采用呼吸机辅助呼吸，伴随高致死率。

一般人患一次流感后，会在几年内有比较强的免疫力。但甲型流感病毒经常发生变异，抗原转变导致新的毒株形成，继而暴发一次新的流感。根据当年流行的毒株制备新疫苗，是人类保护自己的良好方式。

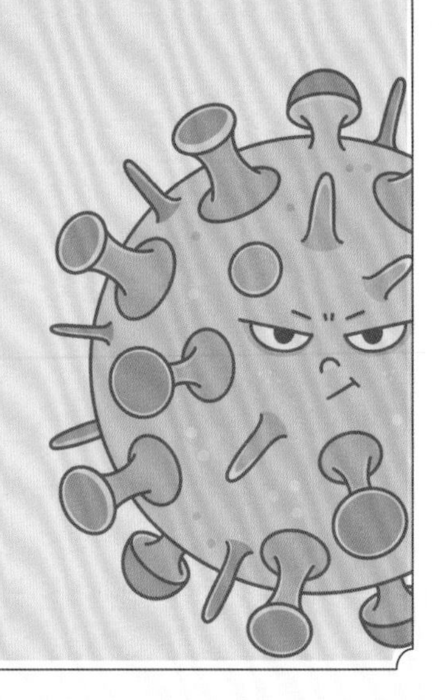

JC Virus

JC 病毒

能致命的常见病毒

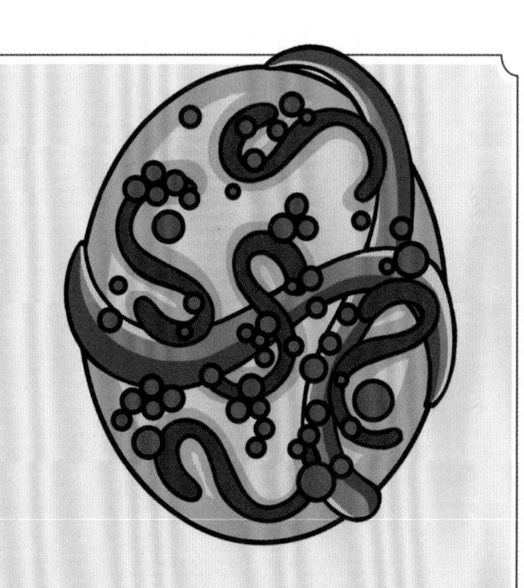

JC 病毒是一种非常常见的病毒，全世界大部分人都携带这种病毒。

当人们还在愉快享受童年时，它就会进入儿童体内潜伏下来，大多数情况下，它与人类宿主会终生相安无事。但当宿主免疫力低下，如患有白血病或艾滋病等疾病时，它就会从潜伏状态中释放出来，导致极其严重的脑部感染。

在世界上不同人群中发现了好几种主要的 JC 病毒毒株，而位于某一地区的人群中的 JC 病毒一般是相似的，不同地区的人群中毒株则是有差异的，因此可以利用这种差异来调查人类迁徙的历史。例如，亚洲东北部居民身上所带有的毒株和北美印第安人所带的毒株很像，可以帮助证明由亚洲移民至北美的人类迁徙设想。

JC 病毒的传播途径至今未被发现，但可以在人类肾、骨髓、扁桃体、大脑、尿液，以及下水道的污水中找到它。

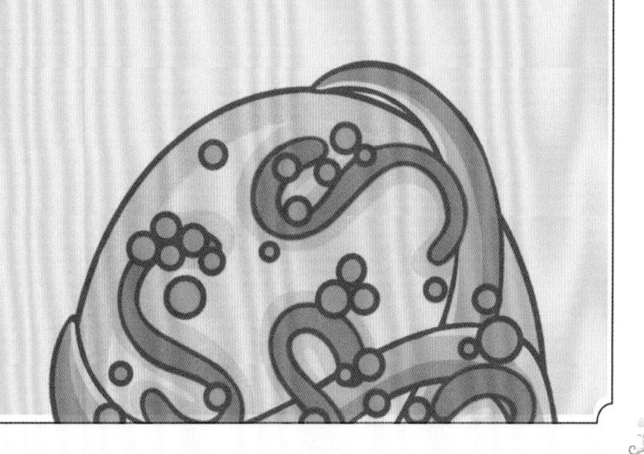

Mumps Virus

腮腺炎病毒

曾经的童年阴影

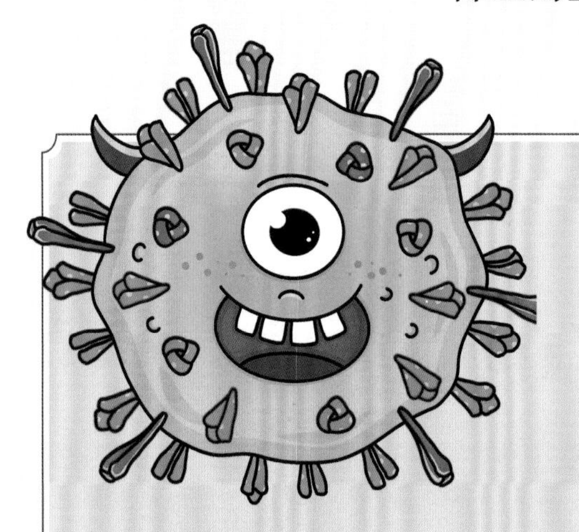

腮腺炎病毒在古语中有一个别名——扮鬼脸，这是因为感染腮腺炎病毒的人往往会出现腮腺肿胀等情况，影响美观。

幼儿是最容易被它感染的对象，20 世纪 60 年代腮腺炎疫苗研制成功之前，腮腺炎病毒曾是许多人童年时期的梦魇。

当幼儿被感染后，会出现高热并伴随面部两侧的腮腺逐渐肿胀的症状。当它转而攻击成年人时手段则更为毒辣，不仅可以使男性的睾丸发生肿胀，偶尔也会使女性出现卵巢炎症。

万幸的是，大多数被感染的成年人不会出现明显症状。腮腺炎疫苗研制成功并开始推广使用后，腮腺炎病毒的危害已经得到了极大的控制。

Torque Teno Virus

细环病毒

与人类和谐共处的病毒

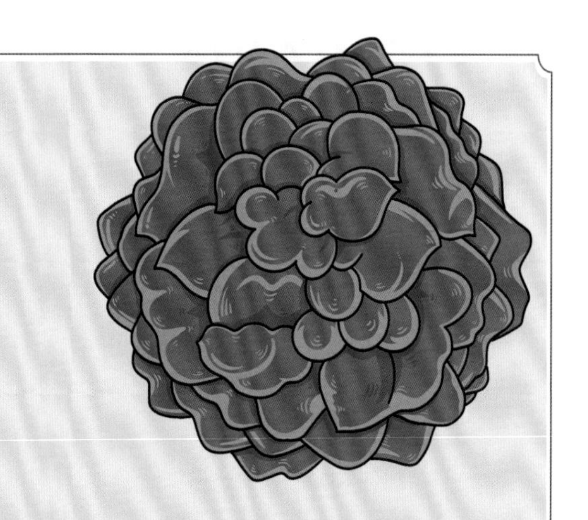

细环病毒于 1997 年在日本的一名肝炎患者体内被发现。

它一般通过母婴传播，感染力非常强，大部分人都被感染过，却几乎没有什么症状。因为它不会造成任何疾病，所以之前科学家对它并没有太大的兴趣。

近年来，由于发现很多病毒其实是对宿主有利的，因此对细环病毒的研究开始增加。细环病毒可以被科学家用作免疫抑制的标志物，当接受器官移植的患者需要用药物来抑制其免疫系统时，可以通过细环病毒来验证药物的有效性。

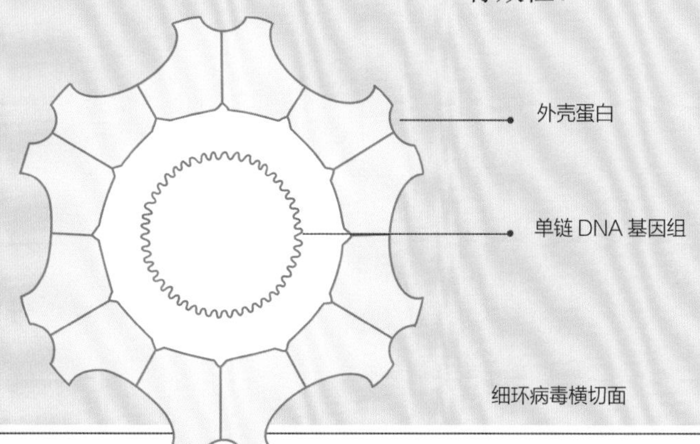

细环病毒横切面

Sin Nombre Virus

辛诺柏病毒

小鼠带来的病毒

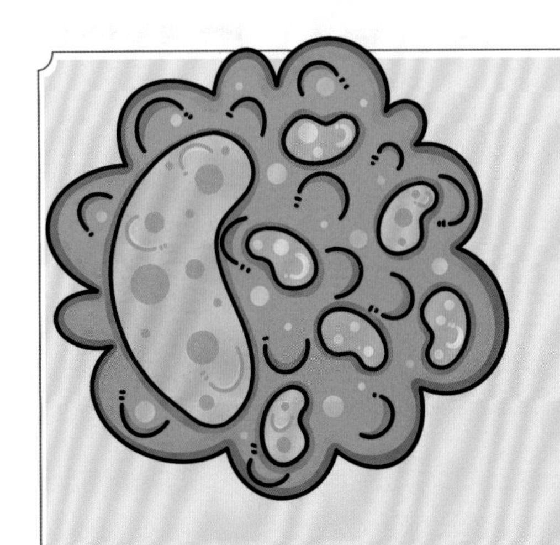

辛诺柏病毒于1993年从一只小鼠身上被分离出来，这只小鼠生活区域的年轻人发生了肺部感染，而辛诺柏病毒就是病原体。

辛诺柏病毒是一种由小鼠传染给人，但不会在人与人之间传播的病毒，人就是终末宿主。

辛诺柏病毒存在于北美许多地区的鹿鼠体内。在流行初期，它能造成高达70%的致死率，因此一度引起了极大的恐慌。这种病毒在农村地区或是小鼠干燥排泄物中可出现，因此在很多地区人们认为老鼠会带来坏运气和疾病。

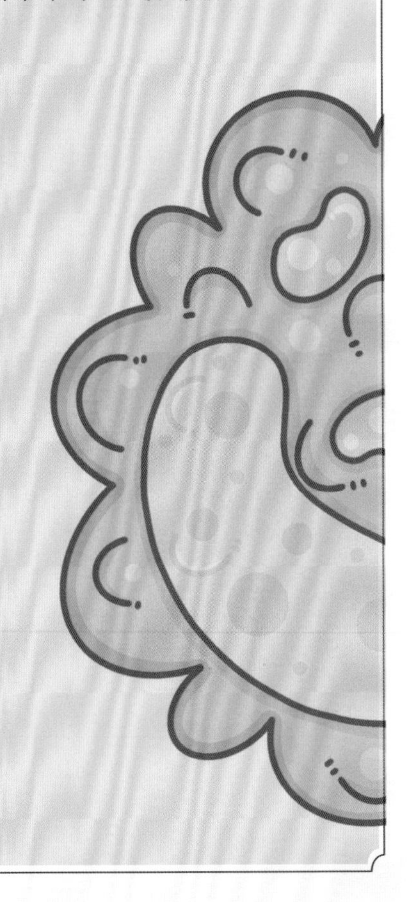

人类病毒家族

THE HUMAN VIRUS FAMILY

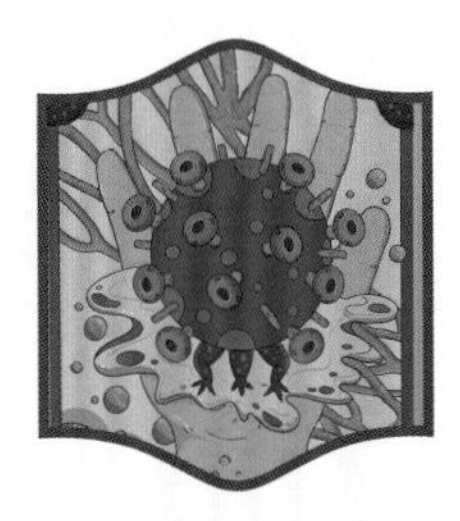

人类免疫缺陷病毒
（BOSS 病毒 1）

埃博拉病毒
（BOSS 病毒 2）

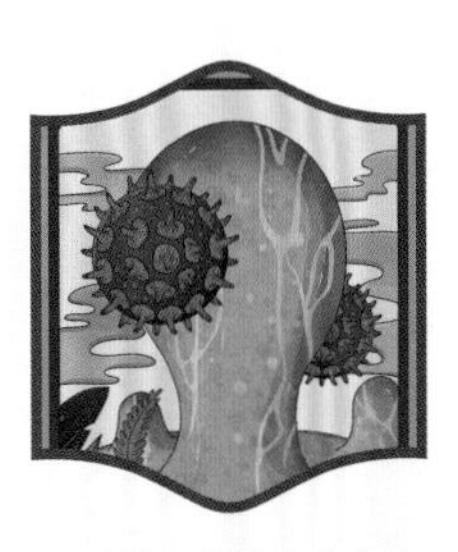

水痘 - 带状疱疹病毒
（BOSS 病毒 3）

甲型轮状病毒
（BOSS 病毒 4）

SARS 冠状病毒

新型冠状病毒

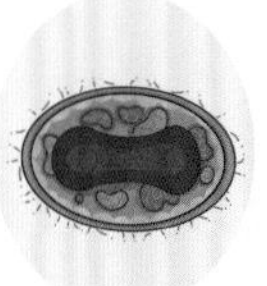

天花病毒

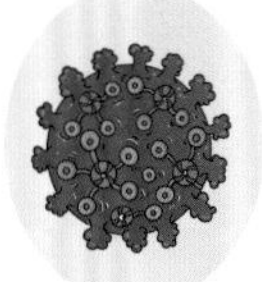

西尼罗病毒

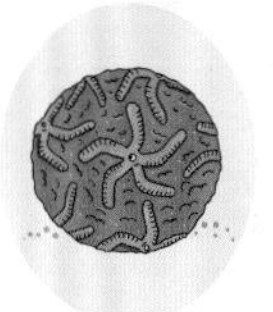

登革病毒

麻疹病毒

诺如病毒

脊髓灰质炎病毒

黄热病毒

寨卡病毒

基孔肯雅病毒

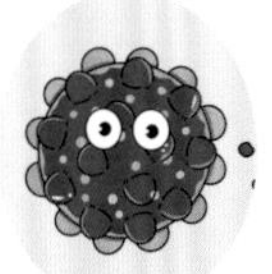

丙型肝炎病毒

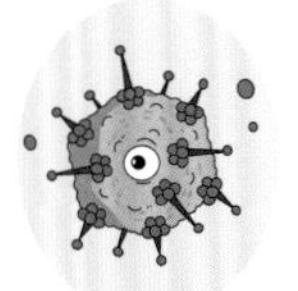

人腺病毒 2 型

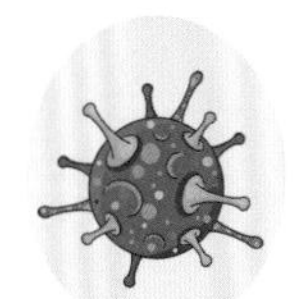

单纯疱疹病毒 1 型

人乳头瘤病毒

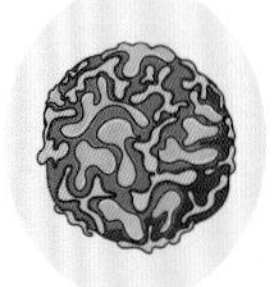

人甲型鼻病毒

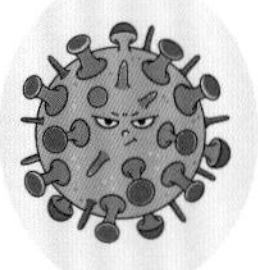

甲型流感病毒

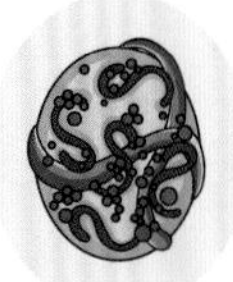

JC 病毒

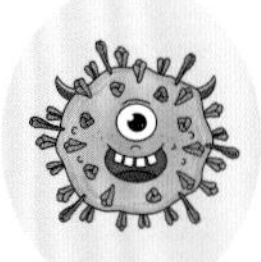

腮腺炎病毒

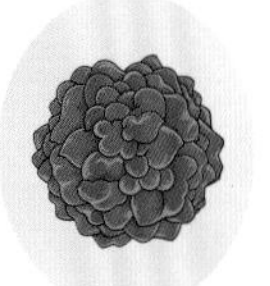

细环病毒

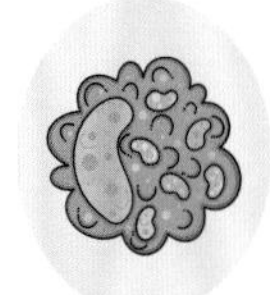

辛诺柏病毒

CHAPTER 3

第三章 其他脊椎动物病毒

VERTEBRATE VIRUS

本章介绍的其他脊椎动物病毒与人类病毒有许多相似之处，如风疹病毒确实可以感染人类，但一般来讲，其他脊椎动物病毒会更多地感染非人类的动物宿主。一旦发生其他脊椎动物病毒感染，有可能引起大流行，甚至会造成人畜大量死亡及严重的经济损失。其他脊椎动物病毒在进化过程中与其宿主和周围环境相互影响，若病毒的结构、功能发生变化，就会出现不同的传播途径，很多病毒会产生不同毒力的毒株。由于抗原变异，病毒也出现不同的血清型别，其中最引人注目的就是口蹄疫病毒、蓝舌病毒等病毒的变异株。由于脊椎动物独特的特异性抗体和细胞免疫的进化，免疫系统发展得比无脊椎动物完善，因此，被病毒感染后的反应比较显著，对病毒遗传变异的影响也比较突出。

African Swine Fever Virus

非洲猪瘟病毒

导致家猪生病死亡的病毒（BOSS 病毒 1）

关于非洲猪瘟病毒的故事可以从 20 世纪初的肯尼亚开始说起，当时牛瘟暴发导致牛大批量死亡，于是当地人进口了大量家猪，而家猪的引进给了非洲猪瘟病毒从当地野猪跨种传播给家猪的机会。

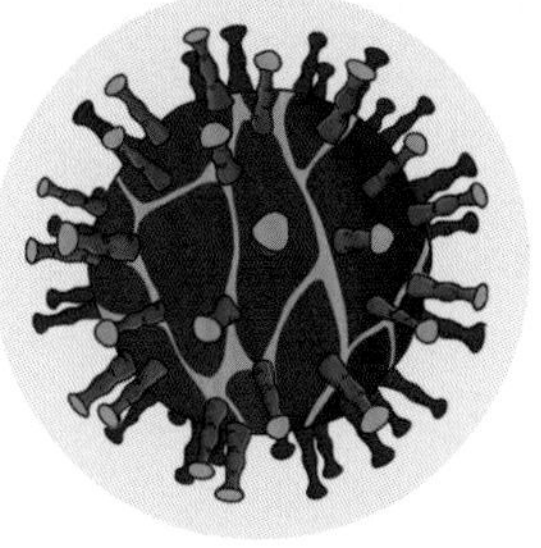

非洲猪瘟病毒主要是通过接触非洲猪瘟病毒感染猪或非洲猪瘟病毒污染物（餐厨废弃物、饲料、饮水、圈舍、垫草、衣物、用具、车辆等）进行传播，消化道和呼吸道是主要的感染途径；也可经钝缘软蜱等媒介昆虫叮咬传播。不幸被它感染的家猪，会有发热、食欲不振等症状，最终发展为出血热。

目前并无有效治疗非洲猪瘟病毒的方案，疫苗研发也暂未成功，唯一有效的控制手段是扑杀所有被它感染的动物。

Bluetongue Virus

蓝舌病毒

导致绵羊舌头变蓝的病毒

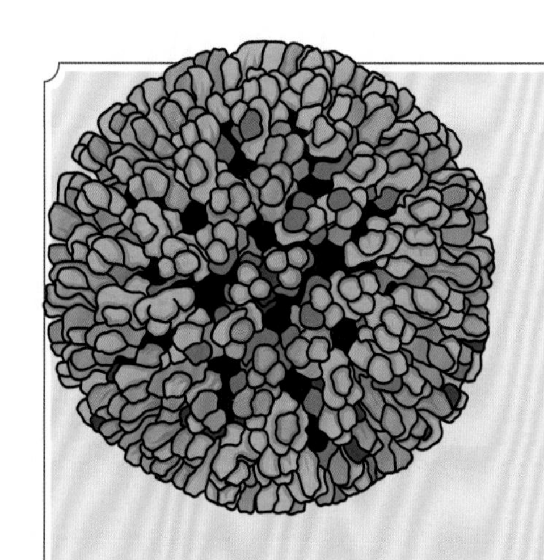

蓝舌病毒主要通过带病毒的蠓叮咬来传播，也就是说，它的感染范围就是蠓的活动范围，该范围可能随着气候变化扩张到不同的纬度。

蓝舌病毒会引起蓝舌病，一种严重的绵羊疾病。

蓝舌病毒隐蔽性较高，已经传播到50多个国家，并且不同地区的毒株有着显著的差别，这也意味它在每个地区都繁殖了很长一段时间。

被蓝舌病毒感染的绵羊会变得精神萎顿、丧失食欲，舌头变蓝且肿胀，这种肿胀可以一直延伸到胸部。羔羊被感染后有很高的死亡风险。

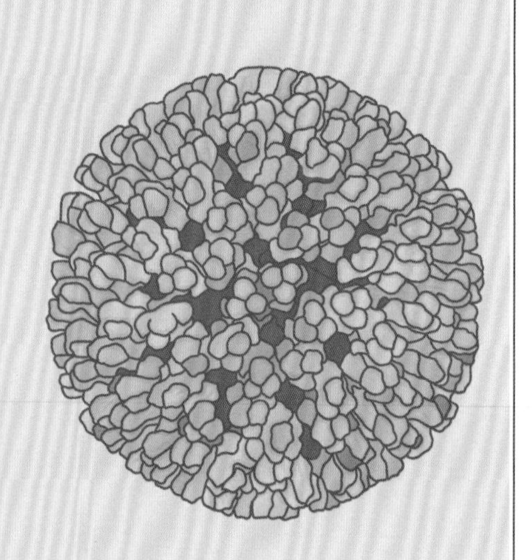

Borna Disease Virus
博尔纳病病毒
能够改变宿主行为的病毒

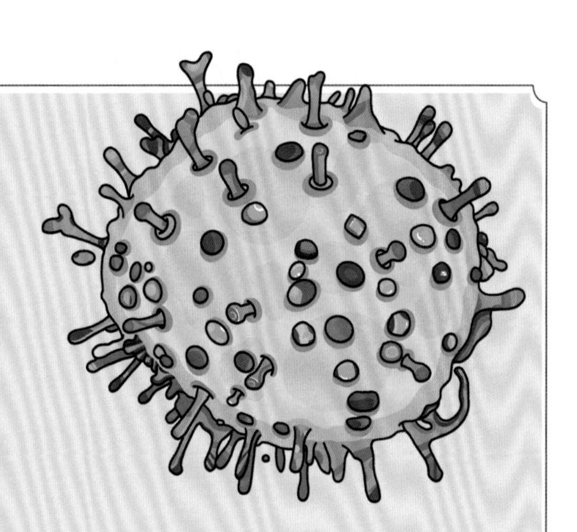

早在18世纪，人们就在马中发现了博尔纳病病毒，随后对它的研究持续了两个多世纪。

一直到20世纪后期人们才了解到它的细节，比如鼬可能是博尔纳病病毒的自然宿主，它可以改变宿主的行为，使其变得更有攻击性。

它的宿主主要包括马、牛、绵羊、狗、狐狸、猫、老鼠等。博尔纳病病毒可以使老鼠变得更具有攻击性，还可以在马和绵羊中造成严重疾病并使它们迅速死亡。比较特别的是，它不会出现在免疫系统受到损害的动物体内。但是近几十年中，博尔纳病病毒似乎从人们的视野中消失。

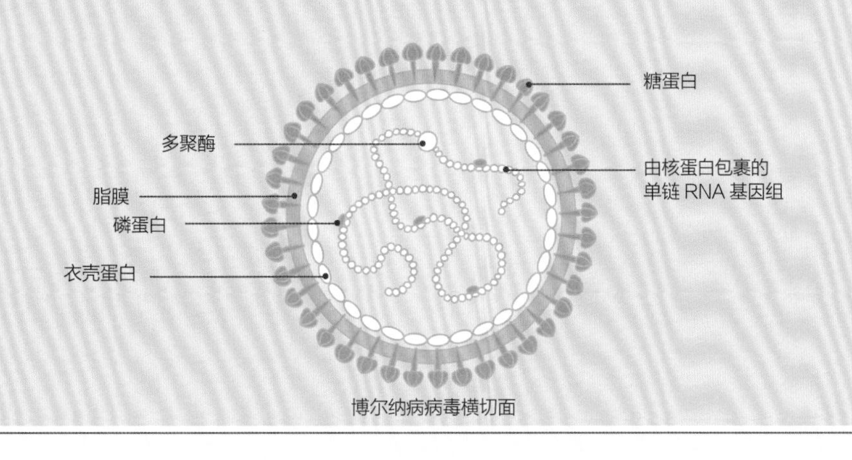

博尔纳病病毒横切面

Hendra Virus

亨德拉病毒

人畜共患的病毒

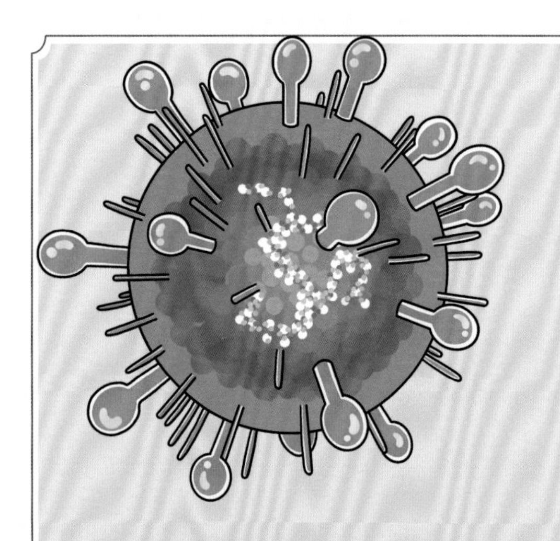

亨德拉病毒的名字源于澳大利亚的亨德拉镇，它曾于20世纪90年代在那里造成了一场杀伤力极强的瘟疫。

亨德拉病毒的曾用名是马科麻疹病毒（Equine Morbilli Virus），因为马是它的宿主之一。被亨德拉病毒感染后，病马会出现发热、呼吸困难、面部肿胀、行动迟缓等症状，甚至会导致死亡。而人类接触病马后也会被感染，人类被感染后会出现严重呼吸困难，并出现肾衰竭，最终死亡。由于它具有极强的感染力，因此被感染后必须尽早隔离并接受治疗。

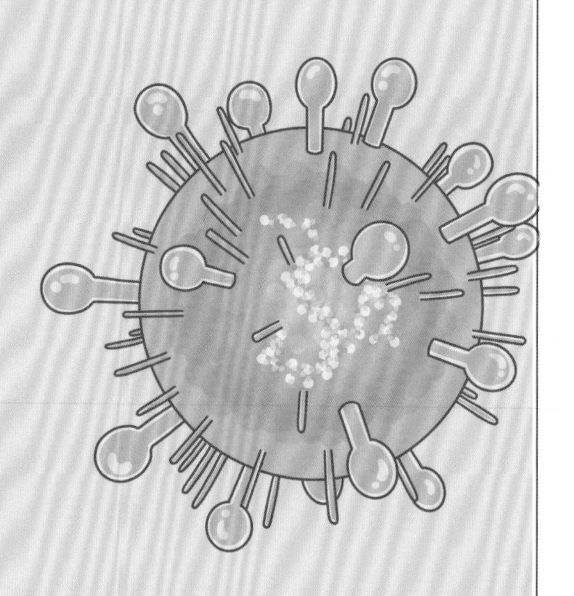

Canine Parvovirus

犬细小病毒

从猫跨越到犬的病毒

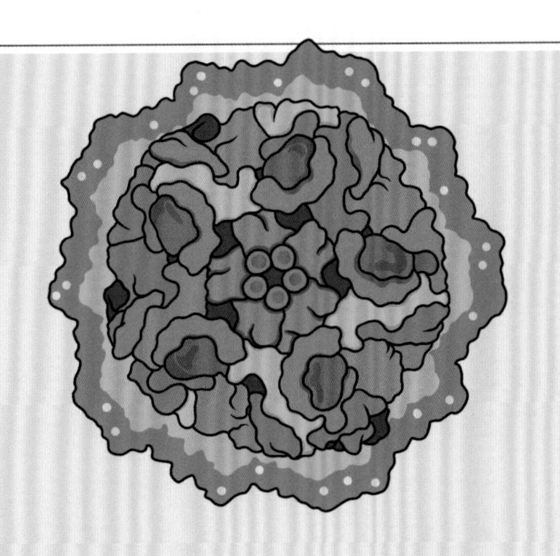

犬细小病毒是一种从猫体内跨种感染到犬体内的病毒，它与20世纪初在猫身上发现的猫泛白细胞减少症病毒（Feline Panleukopenia Virus）几乎完全相同。

犬细小病毒对成年犬只能造成轻微的伤害，但是会对幼犬造成非常严重的伤害，会使幼犬出现食欲减退、呕吐、腹泻等症状，严重时还会脱水，最终导致死亡。虽然可以使用疫苗来预防，但是幼犬在哺乳期后很长一段时间内都无法使用疫苗，因为母乳中的抗体会使疫苗失活。

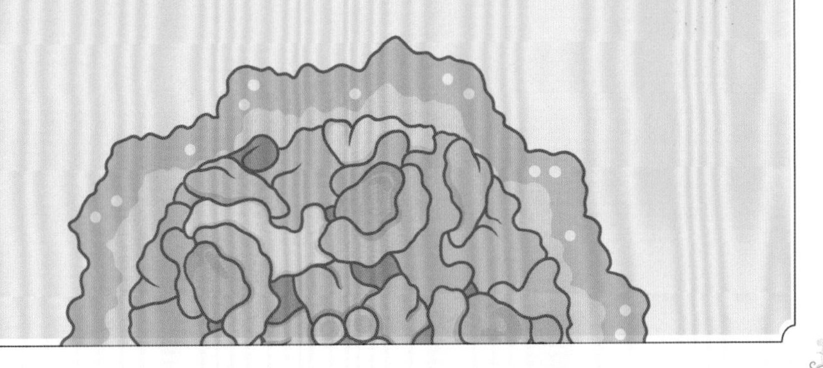

Rabies Virus
狂犬病毒

可防不可治的可怕病毒（BOSS 病毒 2）

狂犬病也被称为恐水症（Hydrophobia），会导致死亡，患者会有怕水的症状，而狂犬病就是由狂犬病毒导致的。虽然名叫狂犬病毒，但它不仅存在于狗身上，也存在于一些温血动物身上。它可以通过许多野生动物传播，先传播给家畜和宠物，然后传播给人类。

狂犬病毒进入人体之后会先潜伏起来复制自己、汇聚力量，然后以每天几厘米的速度向着人体的指挥中心——大脑进发，一旦通过血－脑屏障（大脑的最后一道关卡）进入大脑，就会不断地自我复制并疯狂地攻击中枢神经，这会使患者在清醒中伴随着极度痛苦直到死亡。

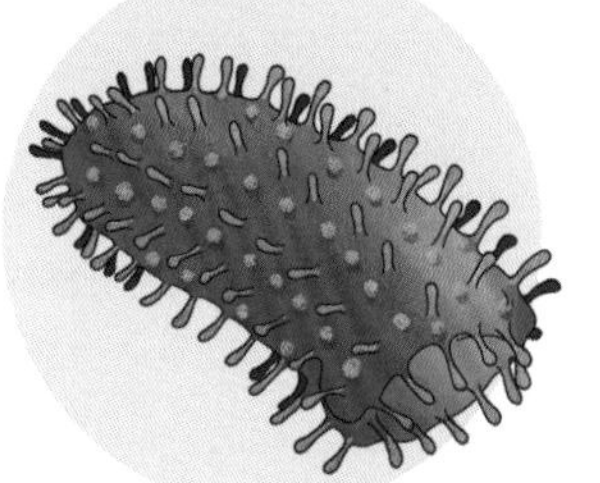

狂犬病毒的可怕之处在于可防不可治，没有任何药物可以在狂犬病发作后使患者康复。所以在被动物咬伤或抓伤后，要立即处理伤口并前往医院接种狂犬病疫苗。

Foot and Mouth Disease Virus

口蹄疫病毒

第一个被发现的动物病毒

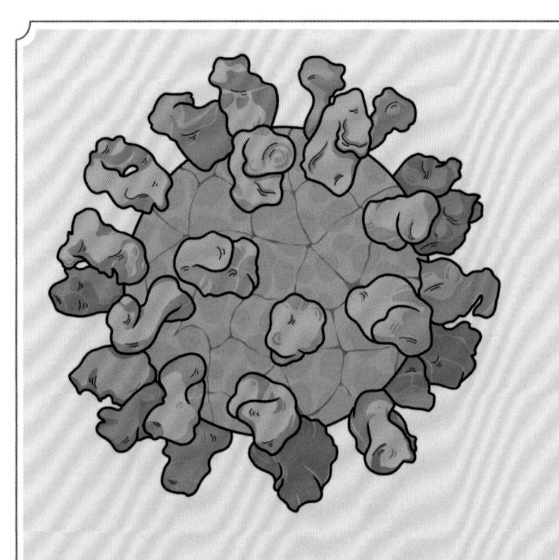

口蹄疫病毒是人类发现的第一个动物病毒，虽然它“年岁已高”，但具有极强的传染性和极快的传播速度，在家养偶蹄目动物之间的传播仍然很活跃。

在21世纪初的英国，口蹄疫病毒感染了400多万头动物并且造成它们死亡。口蹄疫病毒既可以感染猪、牛、羊等动物，也可以感染人类。人类被感染后，最典型的症状是发热、手足及口腔黏膜长水疱。

由于这种病毒具有多种变异株，因此口蹄疫疫苗并不是非常有效，人类目前最常用的预防方法是杀死被感染的动物。

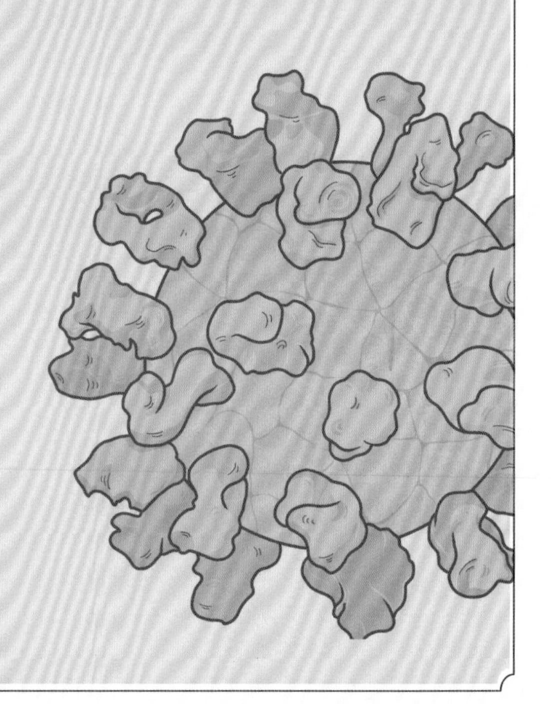

Porcine Circovirus

猪圆环病毒

体型最小的动物病毒

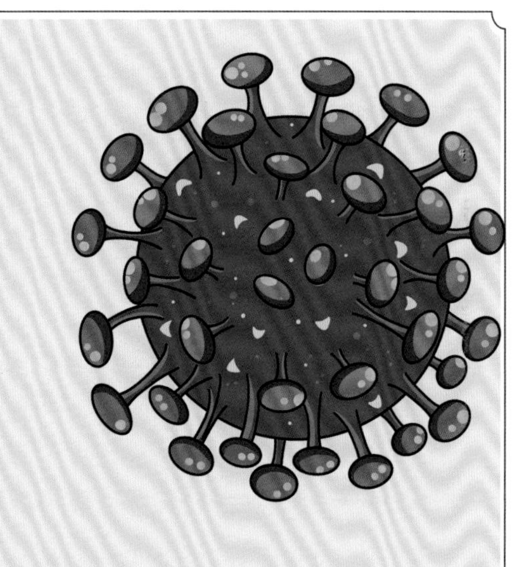

猪圆环病毒是目前已知的体型最小的动物病毒，几乎全世界的猪都是它的宿主，但它并不会危害宿主。

虽然猪圆环病毒不会引发任何疾病，但该病毒的第 2 亚型——猪圆环病毒 2 型会导致猪患严重疾病。幼猪被感染后，会出现消瘦、腹泻、呼吸困难等症状，给养猪业带来巨大损失。

Simian Virus 40

猴病毒 40

可能引发肿瘤的病毒

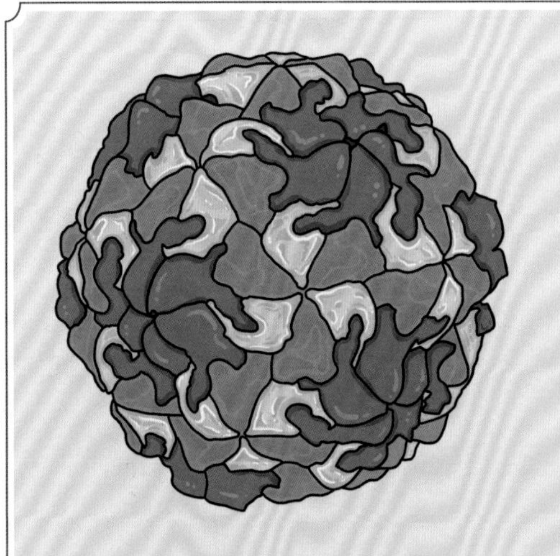

猴病毒 40 是整个猴病毒家族中被人类研究得最为深入的一个。它与其他兄弟姐妹不一样，将它注入仓鼠体内会导致肿瘤，而其他猴病毒则不会导致肉眼可见的病理变化，这也是人类认为它可能与人类肿瘤有关的原因。

20 世纪 50 至 60 年代十分流行用猴细胞来做研究，在研究过程中发现了一种处于潜伏状态的新病毒——猴病毒。猴病毒家族中的兄弟姐妹几乎都是在细胞研究过程中被发现的。

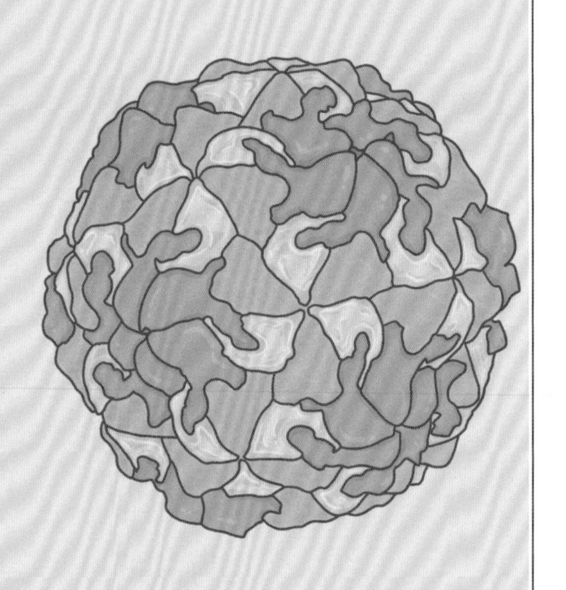

Feline Leukemia Virus
猫白血病病毒

导致猫患上“血癌”的病毒

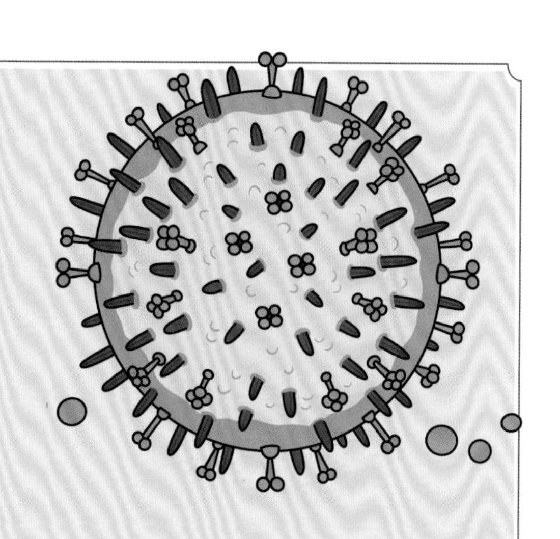

猫白血病病毒最喜欢感染猫咪。

猫咪在被感染的早期阶段，只会出现轻微的厌食、持续性腹泻等症状，当猫咪的健康状况开始下降时，病毒就会展现出致命的一面。目前针对猫白血病病毒并没有有效的治疗方法，如果猫咪被猫白血病病毒感染，只能通过主人的悉心照顾、猫咪的意志力以及抗病毒药物来维持猫咪的生命。

避免猫咪与病猫接触、增强猫咪的免疫力、定期检测猫咪的健康状况是预防猫白血病病毒的最好方式。

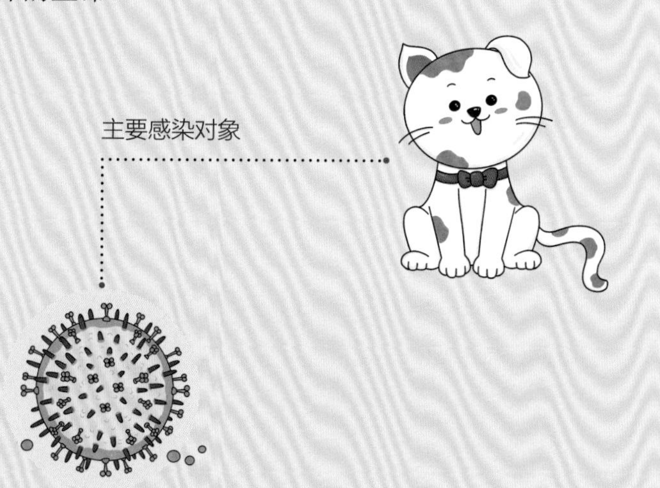

Rinderpest Virus

牛瘟病毒

第二种被消灭的动物病毒

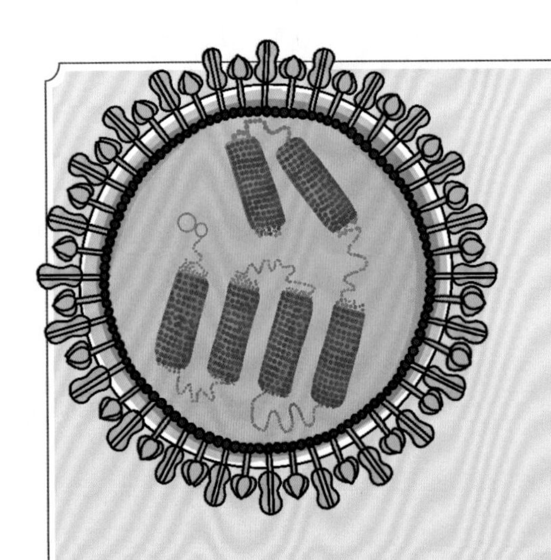

牛瘟病毒普遍被认为发源于亚洲，后随牛群迁徙传播到欧洲和非洲。18 世纪和 19 世纪，牛瘟病毒在欧洲和非洲导致多起牛瘟，几乎造成非洲南部牛的灭绝。

18 世纪中期，人们开展了牛瘟免疫接种实验。1762 年，为了研究与传授控制牛瘟的方法，法国开办了第一所兽医学校。1918 年，牛瘟病毒疫苗被研发出来，但并未能有效控制牛瘟病毒传播，人们依然只能通过杀死被感染的动物来控制疫情。直至 1957 年，真正成熟疫苗的研发成功才使控制牛瘟成为可能，为世界带来安全。

目前来看，最后一次牛瘟出现时间为 2001 年，2011 年牛瘟病毒已被宣布根除，是世界上第二种被根除的病毒。

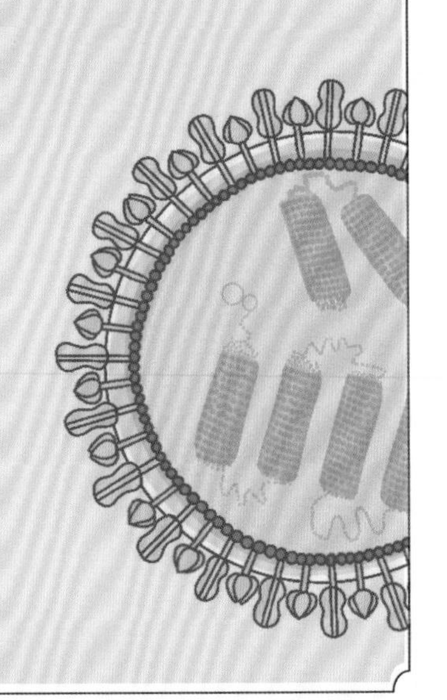

其他脊椎动物病毒家族

THE VERTEBRATE VIRUS FAMILY

非洲猪瘟病毒
（BOSS 病毒 1）

狂犬病毒
（BOSS 病毒 2）

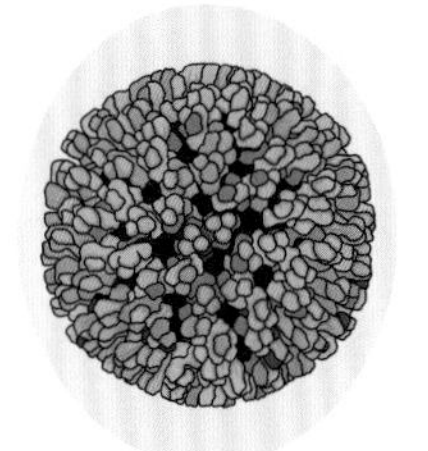

蓝舌病毒

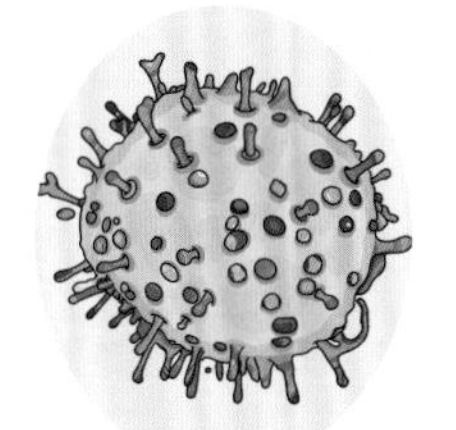

博尔纳病病毒

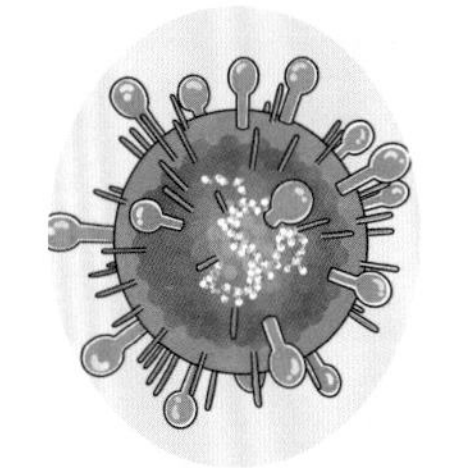

亨德拉病毒

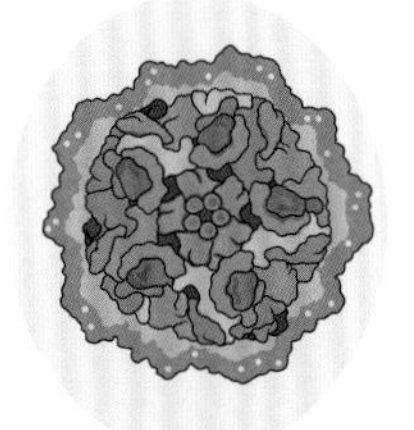

犬细小病毒

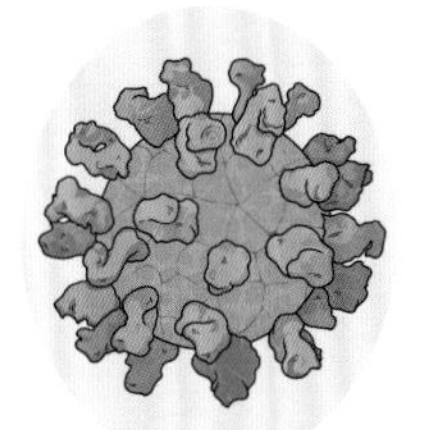

口蹄疫病毒

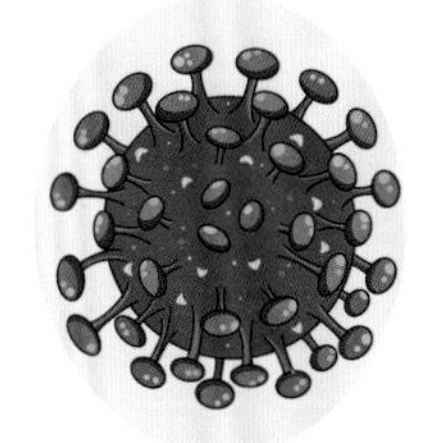

猪圆环病毒

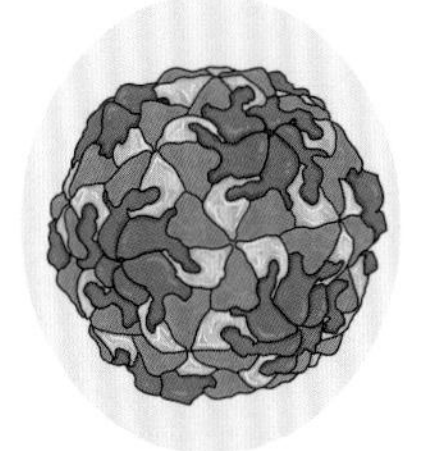

猴病毒 40

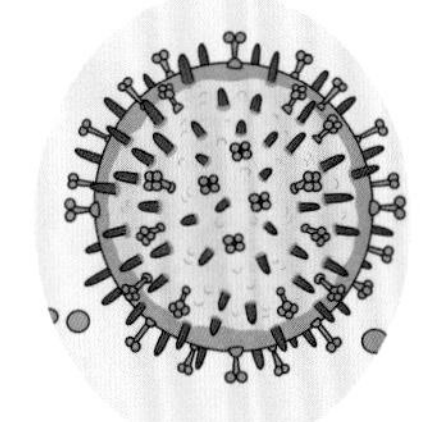

猫白血病病毒

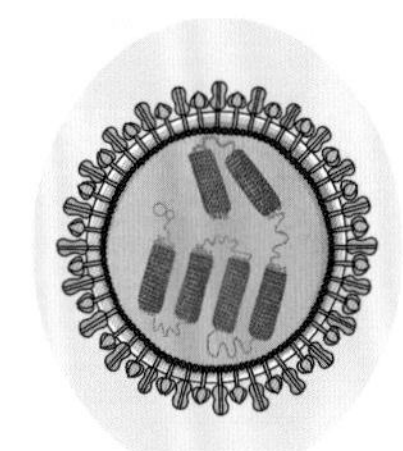

牛瘟病毒

CHAPTER 4

第四章

无脊椎动物病毒

···· INVERTEBRATE VIRUS ····

无脊椎动物病毒中大多数是昆虫病毒，由于昆虫的种类繁多，因此，昆虫病毒也具有非常广的多样性。这里所说的昆虫病毒，并不都是严重疾病的病原体。有些病毒对它们的宿主是必需的，甚至有些病毒在某些条件下对宿主是有利的。比如多分 DNA 病毒科是寄生蜂体内的一大类病毒，这些病毒已经进化成寄生蜂的一部分，并且成为寄生蜂在其鳞翅目宿主中存活所必需的病毒。另外，在遗传学研究的模式动物——果蝇身上，也发现了一些有益病毒。

除了昆虫病毒，我们还要介绍一种线虫病毒和两种虾病毒，这两种虾病毒对世界各地的养虾业造成了严重影响。这类虾病毒以前从未在野生虾中发现，是随着养虾业出现的。与某些鱼病毒仅感染养殖鱼一样，单一品种的大规模养殖（在一个小的空间内养殖大量具有相同遗传背景的生物），似乎为新病毒的暴发提供了平台。

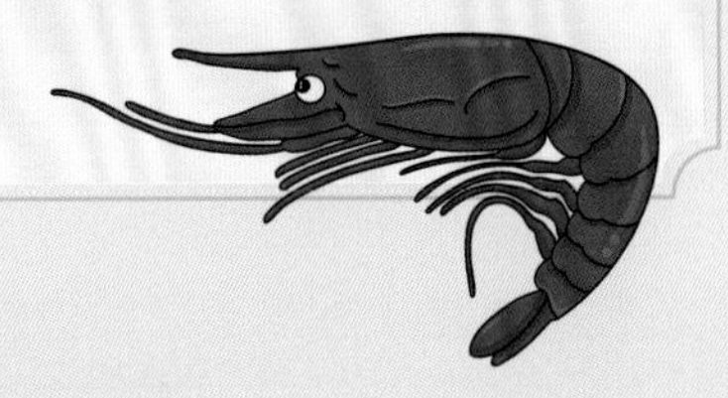

Deformed Wing Virus

残翅病毒

导致蜂群崩溃失调症的病毒（BOSS 病毒）

残翅病毒是养殖蜜蜂过程中的一种常见病毒。它感染蜜蜂后，让蜜蜂失去飞行能力、无法工作，出现蜂群崩溃失调症（Honeybee Colony Collapse Disorder），对蜂群的影响非常大。

蜂群一般由繁殖者蜂后、交尾者雄蜂和劳作者工蜂组成。残翅病毒主要感染新出房的工蜂，被感染后，工蜂的翅膀会因为发育不良出现残缺，不能正常飞行，只能爬行。残翅病毒还有位“合作伙伴”，叫作狄斯瓦螨（Varroa Destructor），会黏在幼蜂或者蜂蛹上并造成危害。

感染对象

蜜蜂

大规模感染了残翅病毒的蜂群基本没有活路。想要防治残翅病毒，养蜂人必须在冬天来临前彻底地清除螨虫，并且减少蜂具和蜂粮循环使用的次数，同时注意蜂具的定期清洁工作。

Cricket Paralysis Virus

蟋蟀麻痹病毒

只对蟋蟀致命的病毒

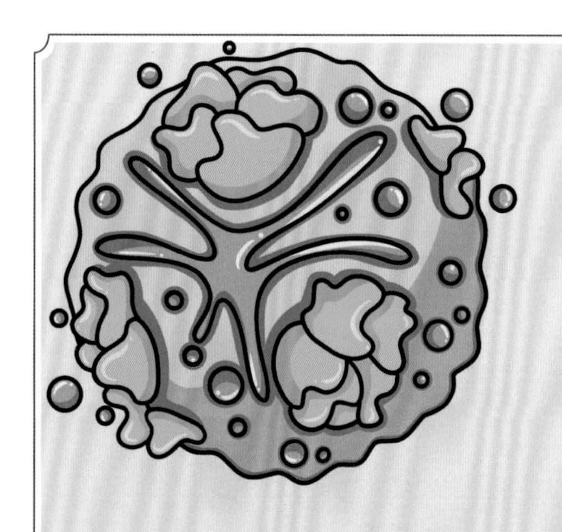

蟋蟀麻痹病毒发现于 20 世纪 70 年代。在澳大利亚一个实验室工人饲养的蟋蟀中，最初是蟋蟀若虫出现麻痹症状，最终整个种群 95% 的蟋蟀都死亡了。后来发现，其病原体为蟋蟀麻痹病毒。蟋蟀麻痹病毒是第一个被发现能够表达 2 种多聚蛋白的病毒，这能让它比其他病毒制作出更有效的病毒蛋白。

蟋蟀麻痹病毒一般通过口腔或者注射液进入蟋蟀体内，在蟋蟀上皮组织等处的细胞中不断生长，感染后蟋蟀会出现后肢麻痹的症状，最后慢慢死亡。

因为它可怕的杀伤力，蟋蟀麻痹病毒曾经大规模席卷欧洲大陆。

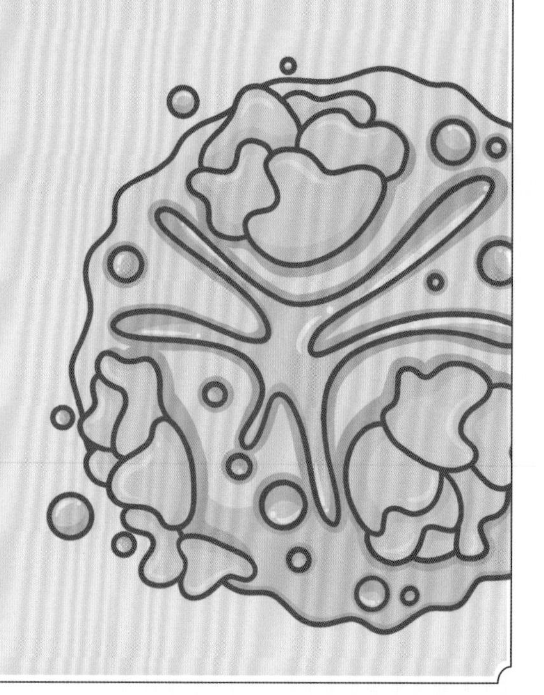

Drosophila Virus C

果蝇 C 病毒

与果蝇共生的病毒

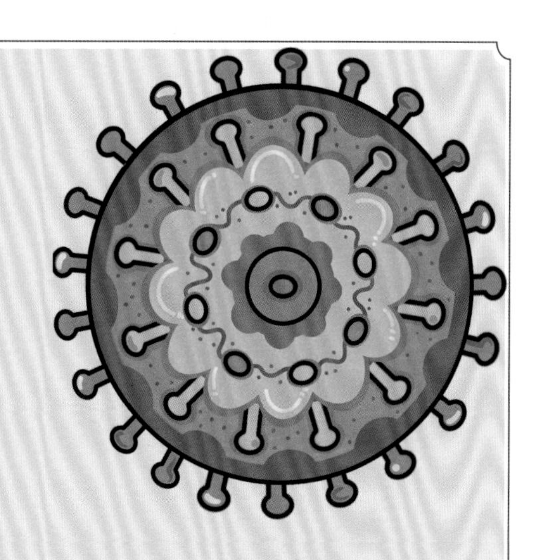

果蝇 C 病毒唯一能寄生的生物是果蝇，是被发现的第一个对宿主有益的病毒。

20 世纪 70 年代，果蝇 C 病毒在法国的一个实验室里被发现。神奇的是，果蝇 C 病毒可以在致病和有益两种身份之间来回切换，果蝇幼虫感染果绳 C 病毒会导致其死亡，此时果绳 C 病毒是致病病毒；而果绳成虫感染果蝇 C 病毒则会加速它们发育，使其生产更多后代，此时果蝇 C 病毒是有益病毒。

总体来说，如果果蝇种群增殖的速度快于幼虫灭亡的速度，那么果蝇C病毒的存在就是有益的。

果蝇 C 病毒和果蝇之间的有着非常微妙的生态平衡，是生物界中一种非常奇特的共生现象。

Flock House Virus

羊舍病毒

在实验室能够感染多种宿主的昆虫病毒

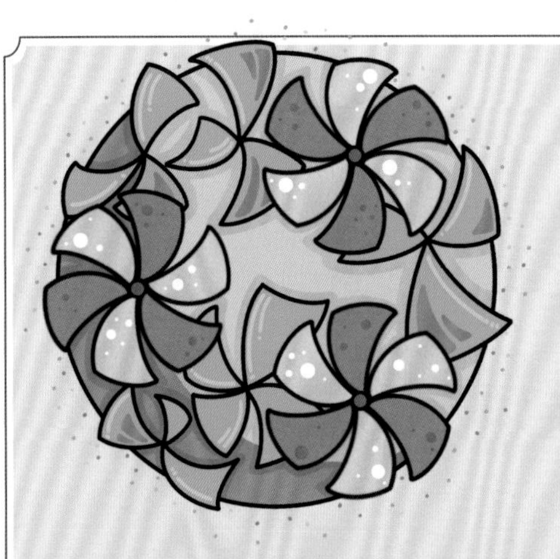

羊舍病毒是一种使科学家明白病毒是如何与宿主细胞相互作用的病毒。

它不仅可以感染昆虫细胞，还可以感染植物和酵母等生物的细胞。虽然它是病毒，但是可以用于多种科学实验。

最初，科学家想在农业领域开发它的潜力，用于控制田野里的害虫，但似乎并未成功。后来，科学家偶然发现它的基因组很小，可以用于遗传学研究，探究生物遗传相关机制，于是羊舍病毒便成为遗传学研究的重要模型。

不仅如此，羊舍病毒还被用于研究植物和昆虫的抗病毒免疫机制，是一种典型的有利病毒。

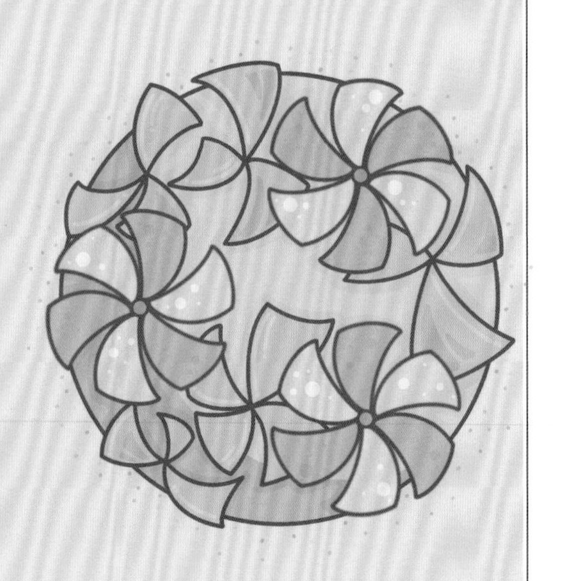

Invertebrate Iridescent Virus 6

无脊椎动物虹彩病毒 6 型

可以让宿主变蓝的病毒

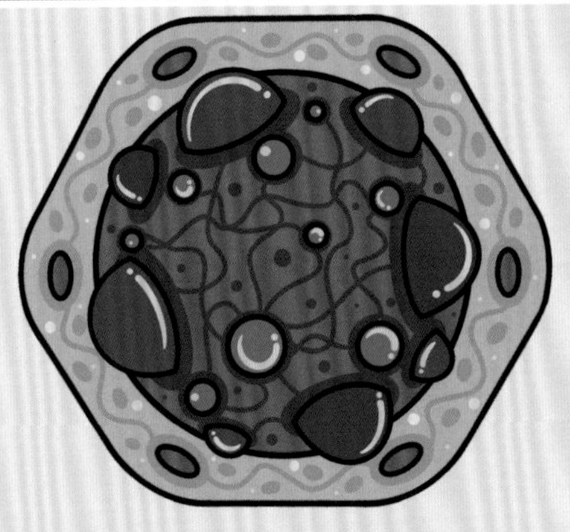

无脊椎动物虹彩病毒 6 型是一个由自身晶体状结构对光进行折射而产生颜色的病毒。

注意看哦，它不是下雨后天空中会出现的七色“彩虹”，而是“虹彩”病毒。一般来说病毒是没有颜色的，但是无脊椎动物虹彩病毒 6 型却能够产生颜色。它的颜色是由其体内复杂的结构对光进行折射而产生的，在蝴蝶、甲虫、贝壳等生物中也能发现由这种机制产生的颜色。

在实验室中，无脊椎动物虹彩病毒 6 型几乎能感染所有种类的昆虫，让这些昆虫变成蓝色并且死亡，但在自然界中它却很少引起严重疾病。

让感染对象变成蓝色

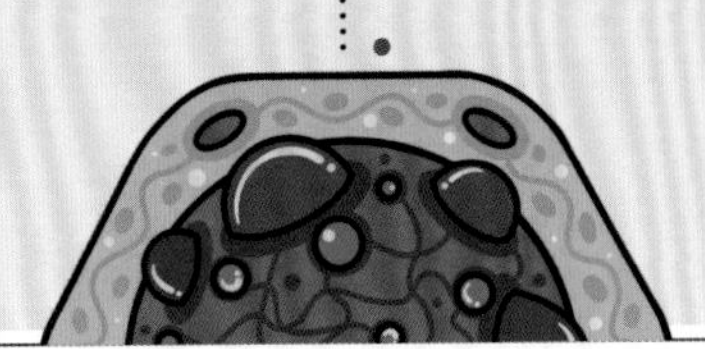

Orsay Virus

奥赛病毒

第一个被发现的线虫病毒

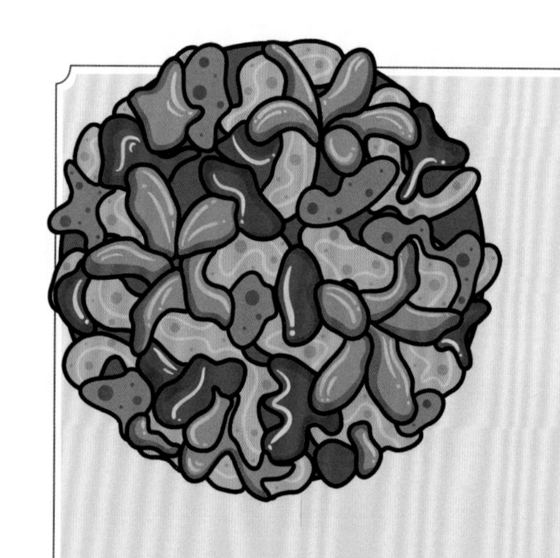

奥赛病毒是一种将来可能发展成控制线虫的生物农药的病毒。

线虫是一种小蠕虫，奥赛病毒是第一个被发现可以感染线虫的病毒。奥赛病毒能感染秀丽隐杆线虫，这种线虫绝大多数是雌雄同体的，它们与雄性交配会比自体受精产生更多的雄性后代。被奥赛病毒感染后的雌雄同体秀丽隐杆线虫会增加与雄性的交配行为，产生更多的雄性后代，破坏群体的性别比例，最终让群体崩溃。

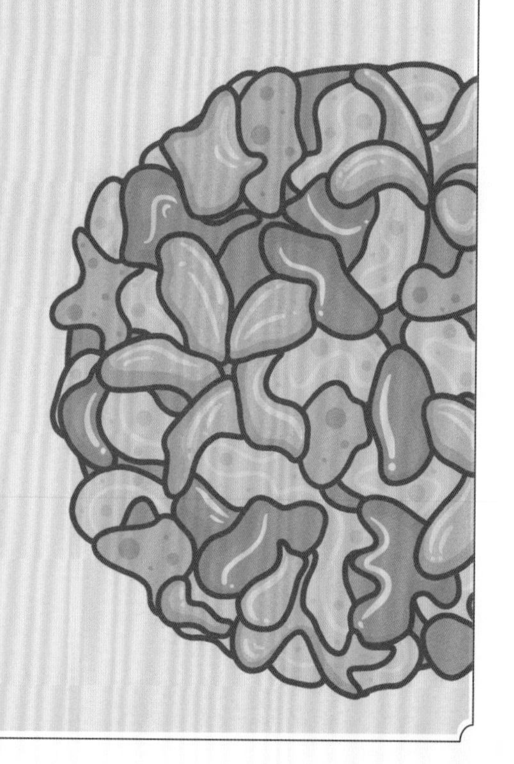

Yellow Head Virus

黄头病毒

仅在各类养殖虾中造成疾病的病毒

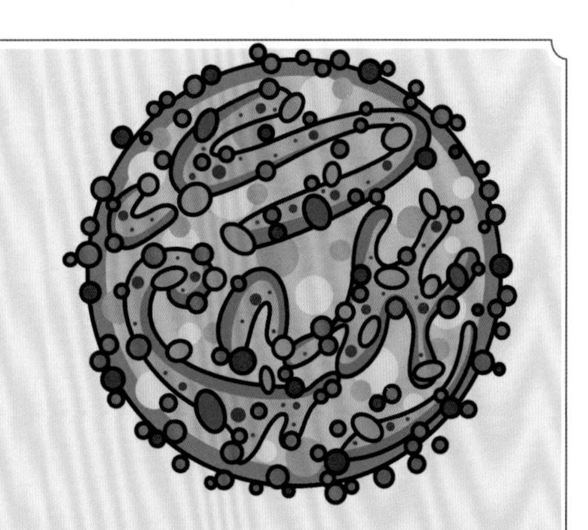

黄头病毒是一种在多种虾体内存在，但仅仅对养殖虾造成疾病的病毒。

科学家们最早是在我国台湾一个养鱼场的黑虎虾中发现了它，后来在印度、马来西亚、菲律宾、越南也发现了黄头病毒的身影。

被它感染后，养殖场里的虾一开始会变得贪吃，然后食欲下降，头部变黄。只需要3～5天，黄头病毒的毒性就足以消灭一个养殖场里所有的虾。

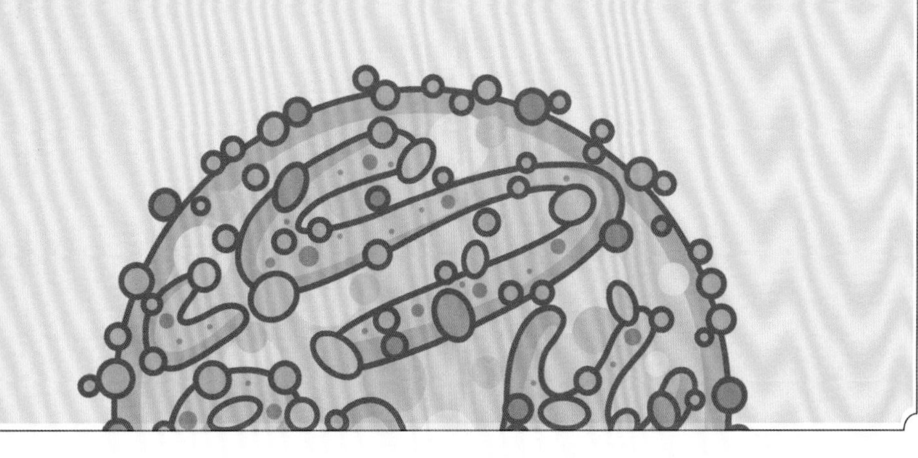

White Spot Baculovirus

白斑综合征病毒

养殖虾的新发病毒

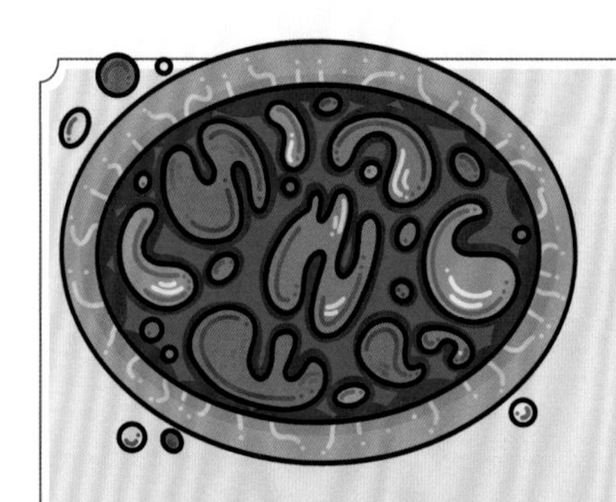

白斑综合征病毒是流行于我国沿海及东南亚各国的虾病毒，虽然感染率低，但是致死率高。

和黄头病毒类似，白斑综合征病毒主要感染在淡水、微咸水及海水中的虾和蟹，被它感染后的宿主身体上会长满白斑，它的名字即由此而来。

最开始，白斑综合征病毒和黄头病毒一样，也发现于我国台湾附近，后来也许是大规模单一养殖模式的原因，它的活动范围越来越广，甚至去到了日本、美国、巴西等地。

白斑综合征病毒给养虾业造成了相当严重的危害，养殖户们通过严格的卫生消毒、调节水温、使用抗病毒物质来对抗它。

主要感染对象

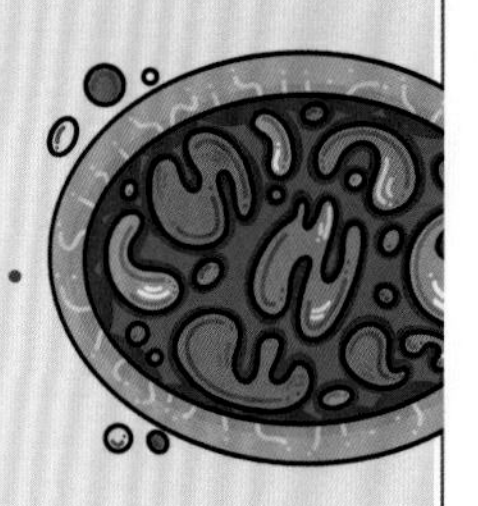

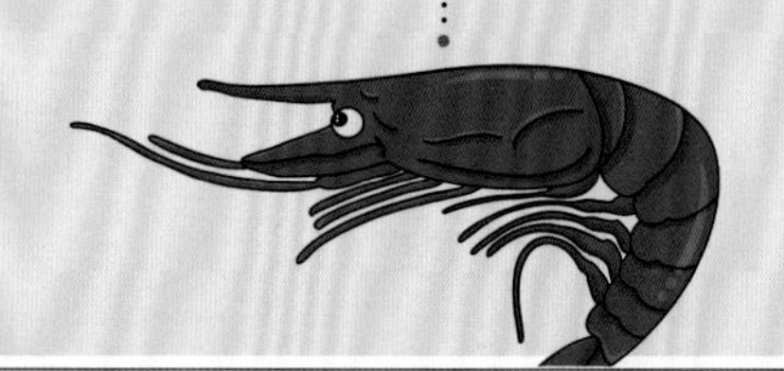

无脊椎动物病毒家族

THE INVERTEBRATE VIRUS FAMILY

残翅病毒
（BOSS 病毒）

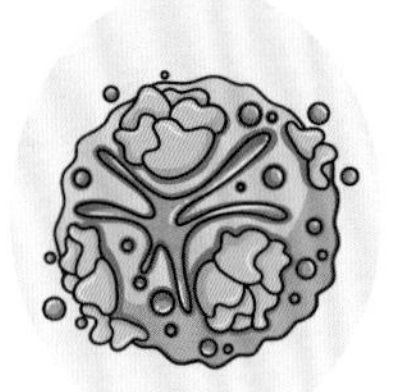

蟋蟀麻痹病毒

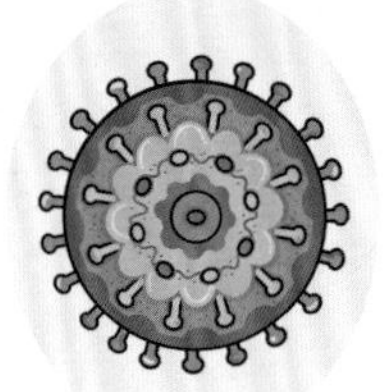

果蝇 C 病毒

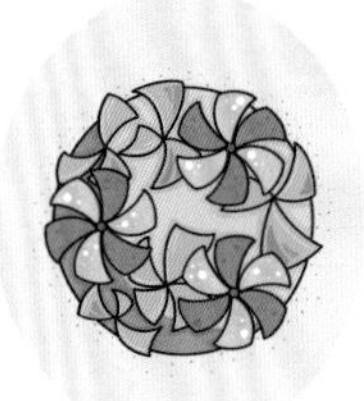

羊舍病毒

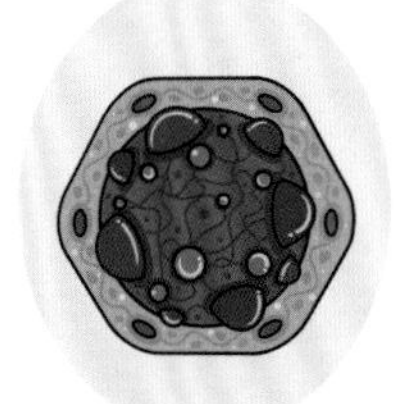

无脊椎动物虹彩病毒 6 型

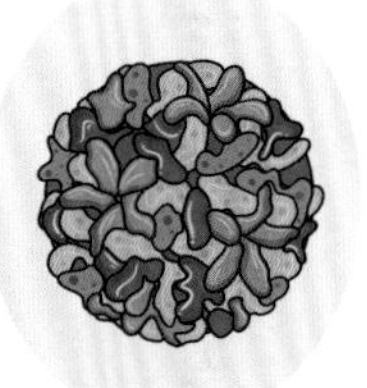

奥赛病毒

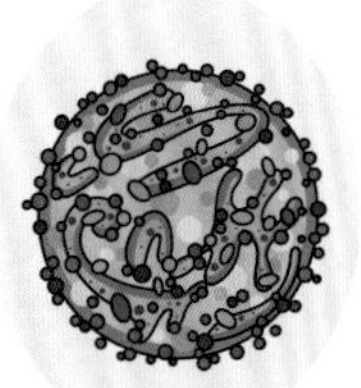

黄头病毒

白斑综合征病毒

CHAPTER

5

第五章

植物病毒

PLANT VIRUS

因为植物与动物在很多方面不同，以植物为宿主的植物病毒也非常独特。动物细胞有细胞膜，植物细胞则除了细胞膜，还有细胞壁。许多动物病毒利用细胞膜来包裹它们的病毒粒子，方便它们侵入宿主细胞。植物病毒却很少有细胞膜，即使少数病毒有囊膜，它们可能也只是能在植物中复制的昆虫病毒。所以植物病毒面临的一大挑战，是如何穿透植物的细胞壁。它们需要在最初入侵时，以及在植物体内移动时穿透植物的细胞壁。在入侵时，它们经常利用在植物上取食的昆虫，有时也利用其他生物，如食草动物、在植物根部定植的线虫，甚至真菌，作为在植物间传播的媒介，因为植物除了种子，自身是无法移动的。此外，对植物的修剪、机械除草等物理操作也可能造成植物病毒的传播。

Tobacco Mosaic Virus

烟草花叶病毒

病毒学中多个“第一”的病毒（BOSS 病毒）

烟草花叶病毒被发现于 19 世纪末，是分布范围最广、最容易感染植物的病毒，它可以通过染病植物的汁液传播，对烟草等植物的伤害非常大。它喜欢抵抗力非常弱的植株的嫩叶，在这里它能很快地生长。

如果不幸被感染，烟草的叶子上就会出现花叶或者斑点，有时会长出一边厚一边薄的叶片，有些嫩叶还会出现半透明的现象，而且这些烟草植株会严重矮化、生长缓慢，一般不能正常生长。

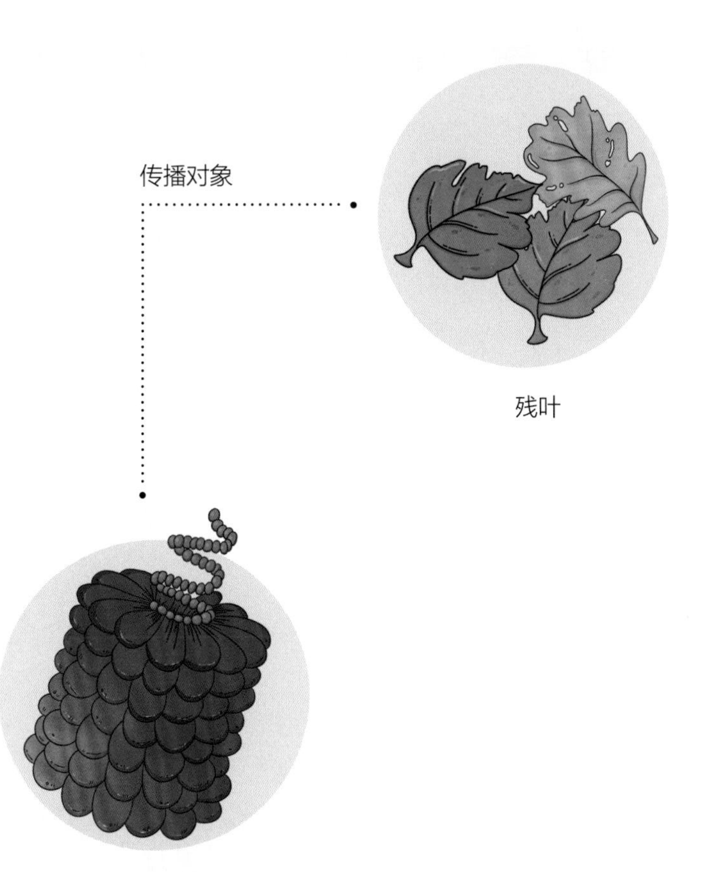

在病毒家族中，烟草花叶病毒是第一个以“病毒”被命名的感染因子。此外还有许多的“第一”都源自烟草花叶病毒：第一个被解析的病毒，第一个发现 RNA 如何编码蛋白质的病毒，第一个揭示大分子如何进入植物细胞的病毒，第一个作为模型被展示的病毒，第一个被用于转基因植物研究的病毒。

Cowpea Yellow Mosaic Virus

豇豆花叶病毒

寄宿在豆科植物中的病毒

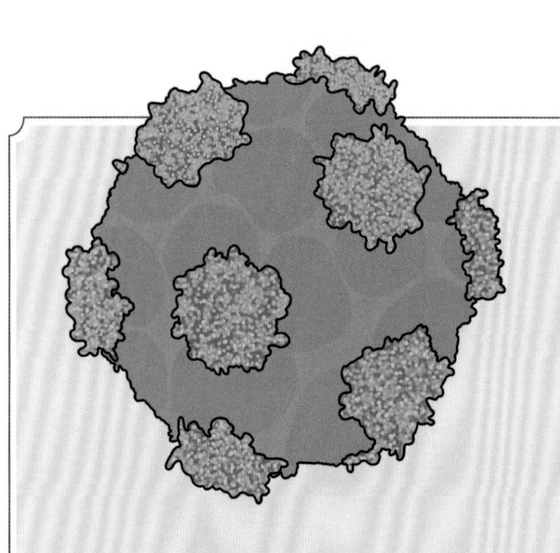

豇豆花叶病毒主要感染各种豆类植物，尤其是豇豆。如果被它感染，豇豆的叶子上会出现坏死和褪绿斑，并导致叶片畸形，茎叶矮小。

豇豆花叶病毒又名豇豆黄花叶病毒，分布在古巴、美国、尼日利亚等国家，活跃在高温又干旱的夏天。它经常出没在田野间，通过蚜虫进入一些植物体内，导致其不能开花结果。

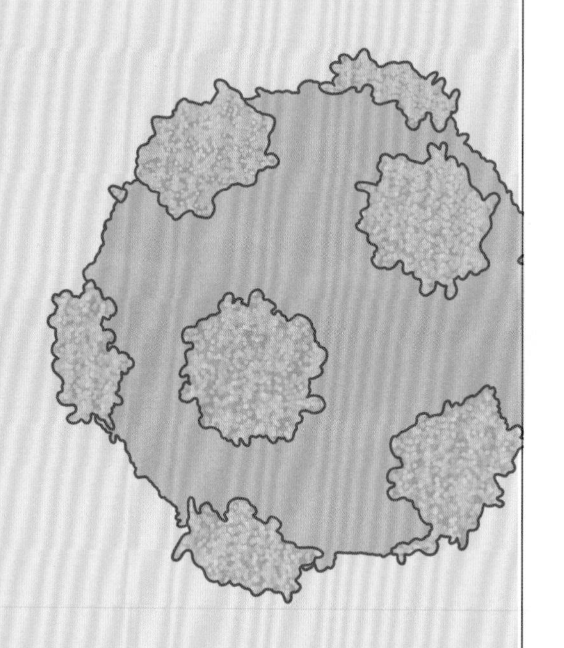

Tobacco Ring Spot Virus

依靠种子传播的病毒

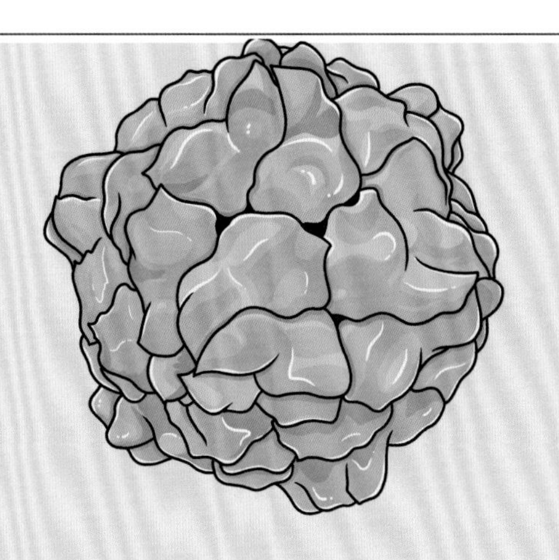

烟草环斑病毒扩散的主要途径是种子传播，传播媒介是土壤中的美洲剑线虫（Xiphinema Americanum）。

烟草环斑病毒常潜伏在山间田野，让果树、蔬菜、花卉等多种作物生病或者死亡。病毒的扩散速度与施肥量关系密切，通常高氮的环境会增强其感染力。

烟草环斑病毒一般通过昆虫、线虫传播，从植物叶片和根部的伤口侵入感染植物。被感染后，植物叶子上会出现轮状或者波纹状的斑点，同时慢慢干枯，有时在茎叶和叶柄上还会出现棕色条纹样凹陷。

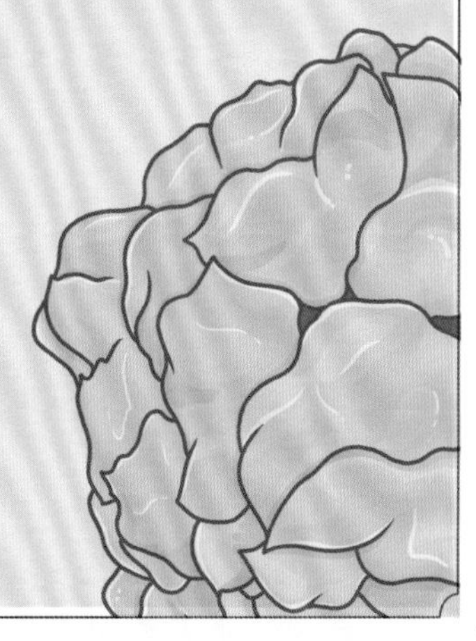

Rice Dwarf Virus

水稻矮缩病毒

让水稻减产的病毒

当人们享用美味的米饭时，或许并不知道这背后的水稻植株正在与水稻矮缩病毒作斗争。

水稻矮缩病在 18 世纪被日本率先报道，当时并不知道这种水稻疾病是由病毒引起的。水稻矮缩病毒会感染水稻导致其生长不良并严重减产，在我国南部许多种植水稻的地区广泛存在。水稻矮缩病毒通常与昆虫共存，跟随着昆虫进入水稻体内进行感染。感染后，水稻植株会变得矮小，叶片颜色加深且变得僵硬，严重时会导致结实量降低。

Tomato Bushy Stunt Virus

番茄丛矮病毒

用于材料科学的最小病毒

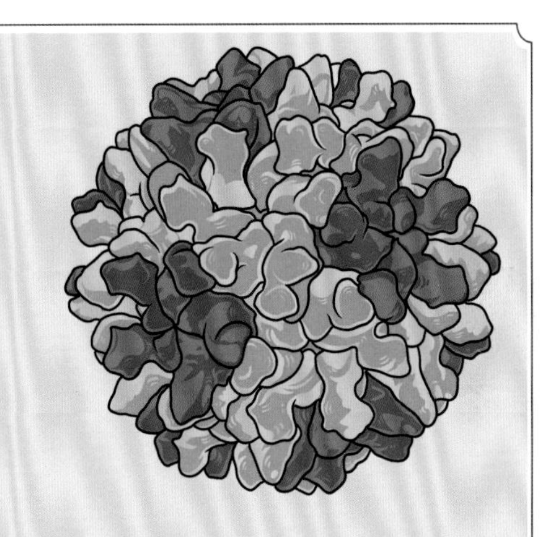

番茄丛矮病毒是目前已知的植物病毒中最小的，它可以感染番茄、辣椒、茄子、樱桃等多种植物，使它们的生长出现异常。

当番茄被感染后，会出现矮化、密集丛生的表现，叶子也会变形并出现斑点，随后迅速脱落。此外，番茄的产量也会减少，给农民带来经济损失。由于番茄丛矮病毒具有一定的传染性，其防治措施备受关注。

在实际生产中，常采用检测、消毒和隔离等方法来避免番茄丛矮病毒的传播。此外，培育抗病品种、加强管理和保持良好的生态环境等也是预防和控制该病毒感染的有效途径。

番茄丛矮病毒的基因组小且简单，可以用于揭示病毒与宿主关系的研究，且目前科学家们发现，它还可以用于制作纳米材料，正被用于材料科学。

Cucumber Mosaic Virus

黄瓜花叶病毒

拥有广泛宿主群的病毒

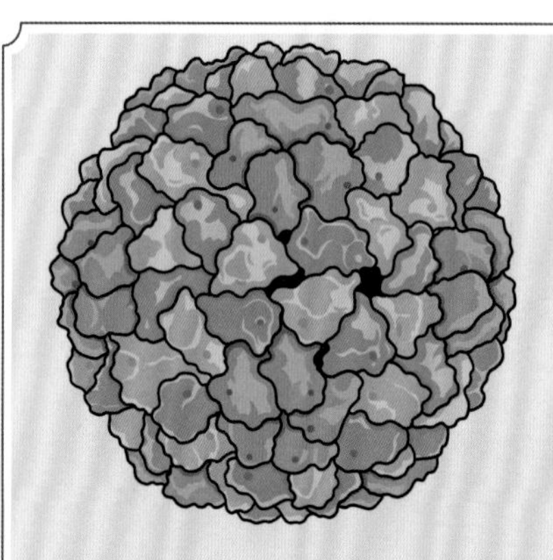

19 世纪初，黄瓜花叶病毒在美国密歇根州的一根黄瓜上被发现。

这种病毒能被 300 多种蚜虫传播，拥有上千种宿主。黄瓜花叶病毒并不完全是有害的，由于它能让植物具有耐寒抗旱的能力，因此对于那些生活在恶劣环境中的植物来说它是有益的。黄瓜花叶病毒感染最多的植物是黄瓜。如果黄瓜的抵抗力较强，只会出现黄绿相间的叶片且只有约三成叶片发生改变，叶片不会变形，植株也不会变矮。如果黄瓜的抵抗力较弱，全部的叶片都会发生改变，植株也会变矮。更严重的是，如果黄瓜刚发芽时就被感染，那么叶子会直接枯萎。可以通过选择抗病的植物品种、栽培经过消毒的种子、使用杀虫剂等方法来预防黄瓜花叶病毒感染。

由于黄瓜花叶病毒在植株上不断地传播，并且表现出了能够随着时间而变化的特性，因此被用于病毒进化的相关研究。自从黄瓜花叶病毒被成功地克隆出来，就成为一种非常有效的工具，用于研究病毒和寄主之间的关系，了解病毒是怎样引起疾病的，以及研究病毒基因组是如何进化的。

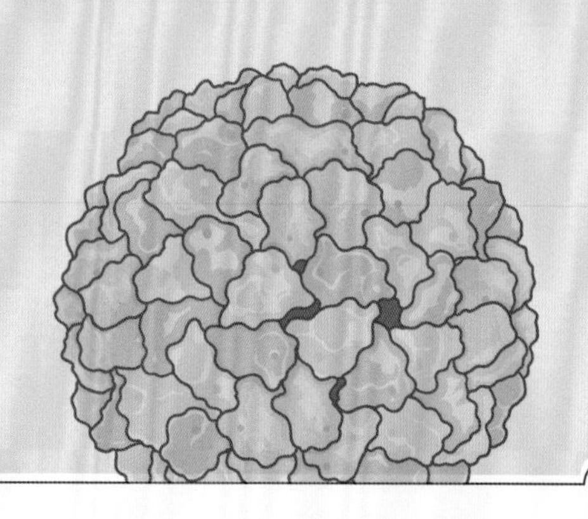

Satellite Tobacco Mosaic Virus

卫星烟草花叶病毒

寄生于病毒中的病毒

卫星烟草花叶病毒是一种极其特殊的病毒，它需要寄生在烟草花叶病毒体内才能生存。

卫星烟草花叶病毒于 20 世纪 60 年代被发现，尽管它只是一个微小的二十面体颗粒，但可以改变寄生病毒的致病能力，因此在生物学和医学研究中也有广泛的应用。

当植物同时感染烟草花叶病毒和卫星烟草花叶病毒时，症状与单独感染卫星烟草花叶病毒不同。然而，这两种病毒都能使烟草生长缓慢，严重的感染会导致产量下降。值得注意的是，卫星烟草花叶病毒的增殖速度远远低于烟草花叶病毒，而且它在不同的烟草品种中增殖速度也不同。虽然卫星烟草花叶病毒对烟草产生了负面影响，但是对于某些科学研究和生物技术应用来说，仍然具有重要意义。

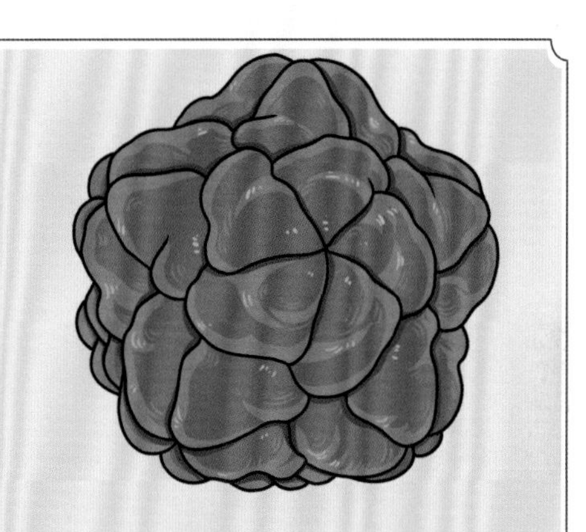

想要有效防治卫星烟草花叶病毒，首先需要采取措施防治烟草花叶病毒。

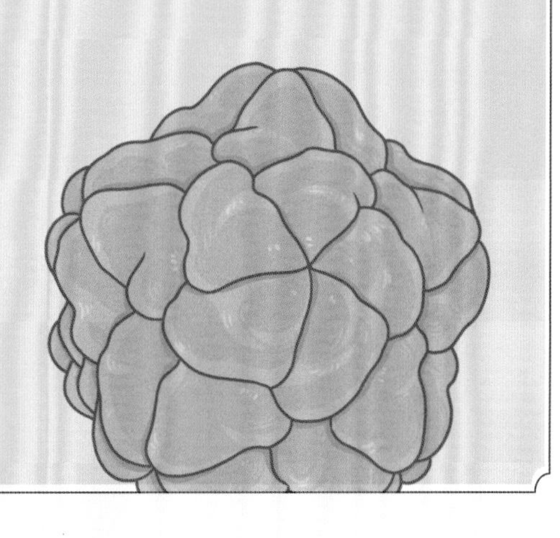

Tulip Breaking Virus

郁金香碎色病毒

使花更美丽的病毒

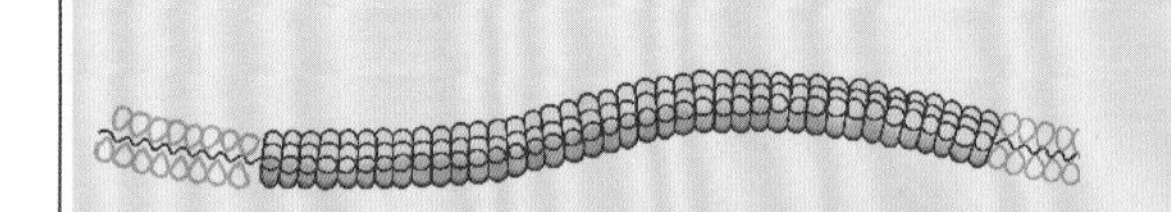

郁金香起源于土耳其，18 世纪曾在欧洲掀起一股狂热追捧之风。据说当时最贵的郁金香售价 10000 荷兰盾，而这个价格在当时可以买下一栋别墅。这场热潮中，备受人们追捧的郁金香品种大多有着绚丽的条纹图案，而后来研究发现，这种特殊的条纹图案是由郁金香碎色病毒导致的。

20 世纪，人们发现郁金香的特殊花纹是由于郁金香碎色病毒干扰了色素生成，使花的颜色呈现出丰富的层次。但这种干扰并不会稳定地传递给后代，且郁金香碎色病毒会使多次传代的郁金香繁育能力下降，过早地退化。

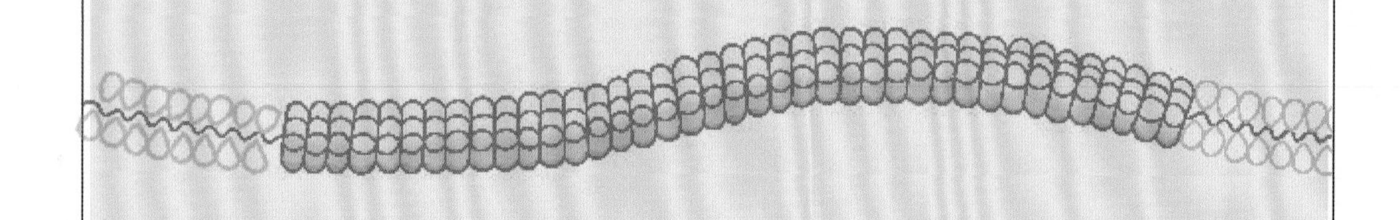

THE PLANT VIRUS FAMILY

烟草花叶病毒
（BOSS病毒）

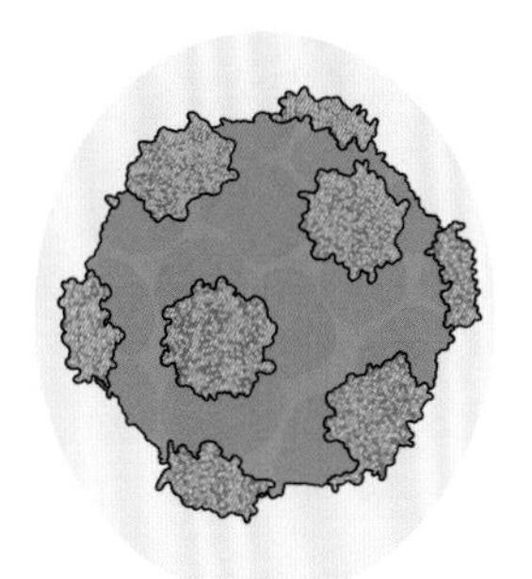

豇豆花叶病毒

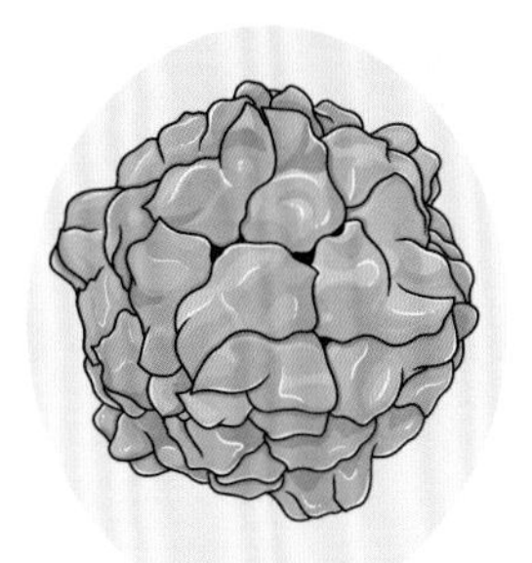

烟草环斑病毒

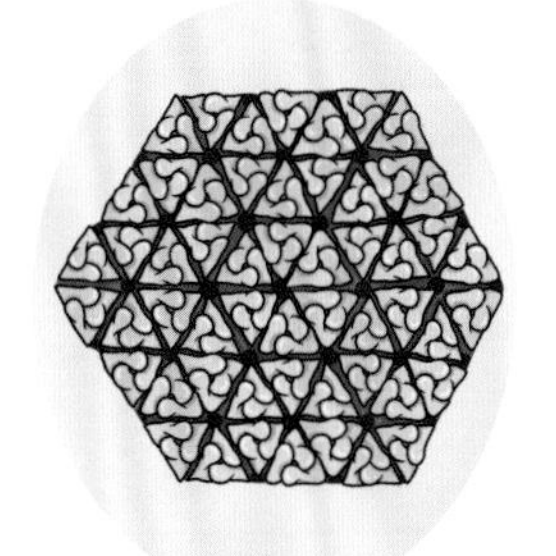

水稻矮缩病毒

番茄丛矮病毒

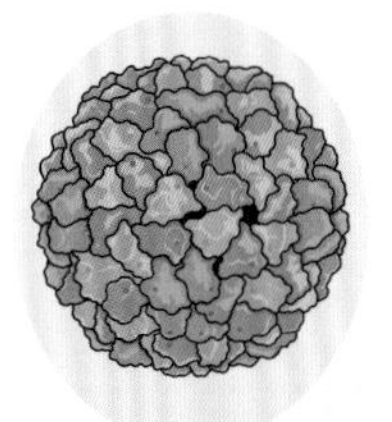

黄瓜花叶病毒

卫星烟草花叶病毒

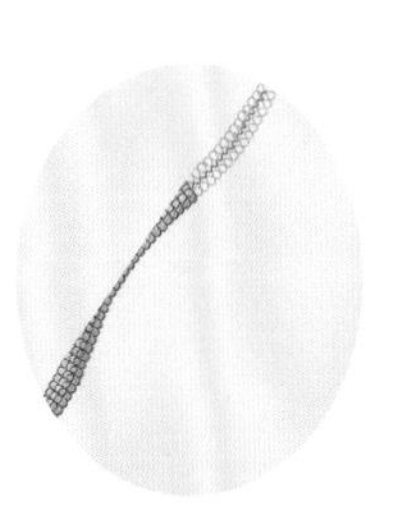

郁金香碎色病毒

CHAPTER 6

第六章 真菌病毒及原生生物病毒

MYCOVIRUS AND PROTOBIOTIC VIRUS

真菌病毒（Mycovirus）是一类以真菌为宿主的病毒。大多数真菌病毒引起的感染是持续性感染，也就是说，它们可以感染宿主很多代，并且从亲代传给子代（垂直传播），但很难从一个真菌传给另一个真菌（水平传播）。这种持续感染的真菌病毒具有多种与植物病毒类似的特点。本章所述的真菌病毒，有的对宿主有利，有的则是它们在外界日常环境中存活所必需的。此外，许多真菌在实验室内培育时会失去其所含的病毒。所以，关于真菌病毒种类，至今仍知之甚少。

此外，本章也会介绍3种原生生物病毒（Protobiotic Virus），这些病毒是目前已知的最大的病毒，甚至可以直接在普通显微镜下观察。

Penicillium Chrysogenum Virus

产黄青霉病毒

对农业生态产生影响的病毒（BOSS 病毒）

产黄青霉病毒是一种 20 世纪 60 年代发现的真菌病毒，它的存在对真菌和植物的生长发育具有重要意义。尽管科学家们尚未完全了解它的功能和作用机制，但已经有一些研究表明，产黄青霉病毒可能通过某种方式参与植物或真菌的免疫反应或信号传导等生物学过程。

此外，产黄青霉病毒的存在也可能对农业生产和生态系统的平衡产生一定的影响，这种病毒的存在可能会影响真菌的生长和代谢，从而影响真菌的生态角色和生态系统的稳定性。

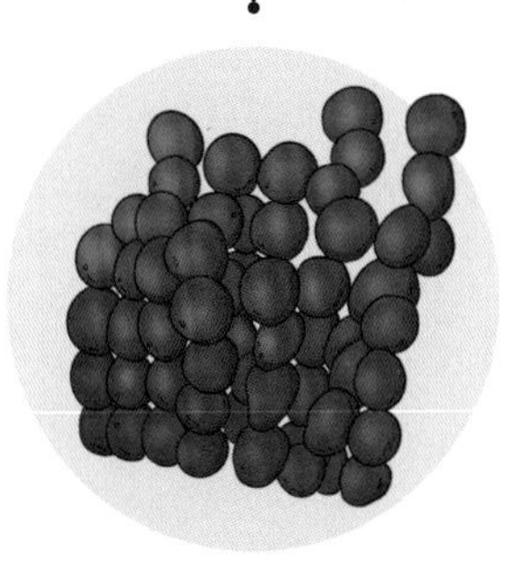

尽管产黄青霉病毒很难被完全清除，但我们可以通过其他措施来减少它的影响。例如，在种植过程中可以采取生物防治的方式，通过引入有益微生物来控制病毒的生长和繁殖。此外，合理使用化学药剂也可以在一定程度上减少病毒的传播和影响。

Helminthosporium Victoriae Virus 190S

维多利亚长蠕孢病毒 190S

引起维多利亚枯萎病真菌感染的病毒

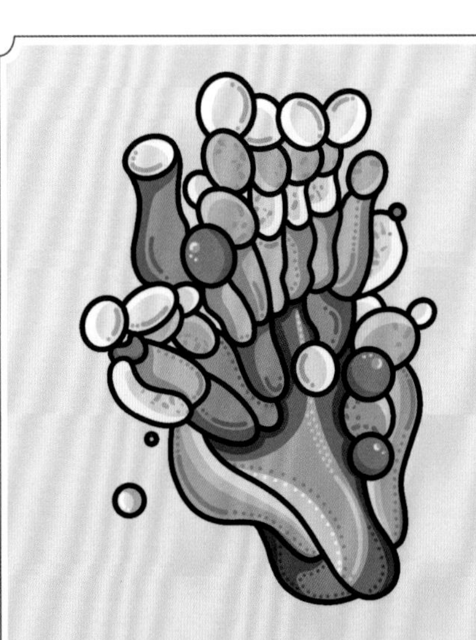

20 世纪初，一种叫作维多利亚枯萎病的植物疾病出现了。

科学家从染病的燕麦植株中分离出了维多利亚枯萎病的致病真菌——维多利亚枯萎病真菌。而对那些感染不太严重的燕麦植株的进一步研究发现，感染了维多利亚长蠕孢病毒 190S 的真菌生长缓慢。

这种病毒会诱导真菌产生一种分泌型抗真菌蛋白，对未被病毒感染的真菌有抑制作用。

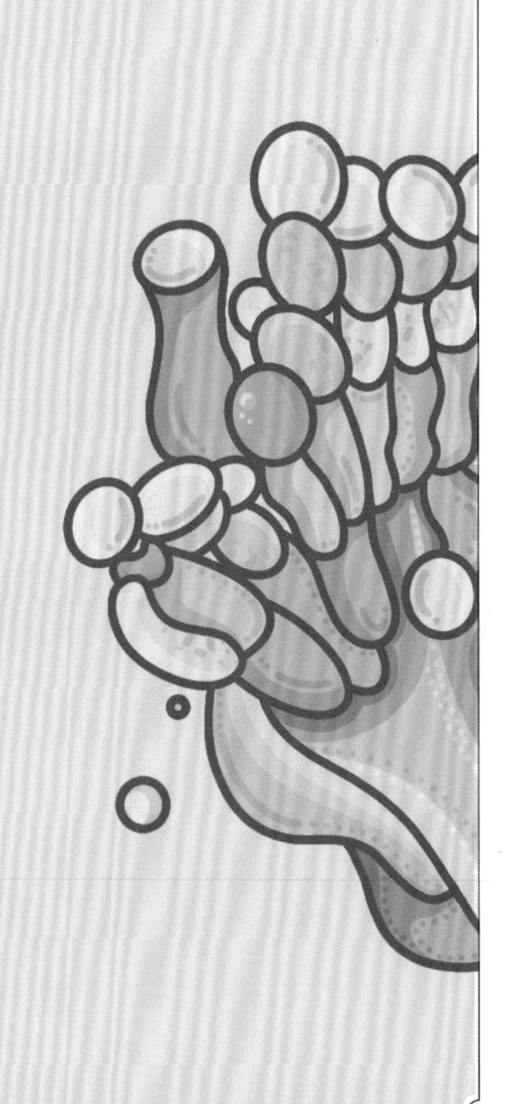

Saccharomyces Cerevisia L-A Virus

酿酒酵母 L-A 病毒

酿酒酵母的“保镖”及“杀手”

酿酒酵母可能不是大家熟悉的生物，那么 HPV 疫苗你是否会觉得熟悉呢？在 HPV 疫苗的制作过程中，酿酒酵母扮演着重要角色。

酿酒酵母 L-A 病毒与酿酒酵母的关系十分奇妙，既是酿酒酵母的“保镖”，同时也是“杀手”。酿酒酵母 L-A 病毒与 M 病毒共同组成“酿酒酵母病毒杀手系统”，M 病毒会感染酿酒酵母并产生一种毒素，这种毒素能够杀死周围不携带 M 病毒或者酿酒酵母 L-A 病毒的酵母，从而保证携带酿酒酵母 L-A 病毒的酵母在与其他酵母的竞争中胜出。

这种机制启发了科学家，将酿酒酵母 L-A 病毒应用于 HPV 疫苗的制作，成功地提高了疫苗的产量和纯度，为预防 HPV 感染做出了贡献。

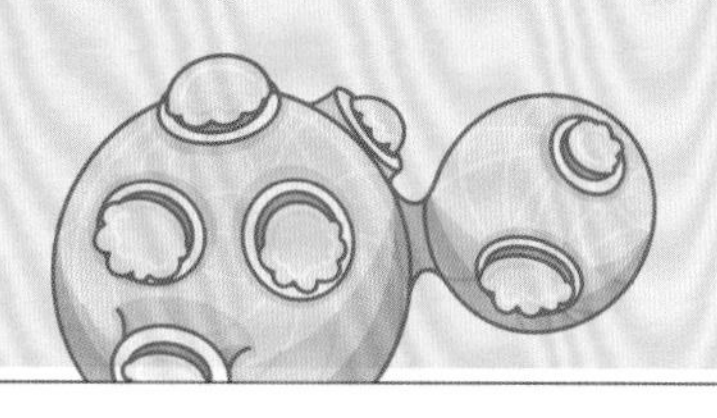

Pithovirus Sibericum

西伯利亚阔口罐病毒

年龄最大、个头最大的病毒

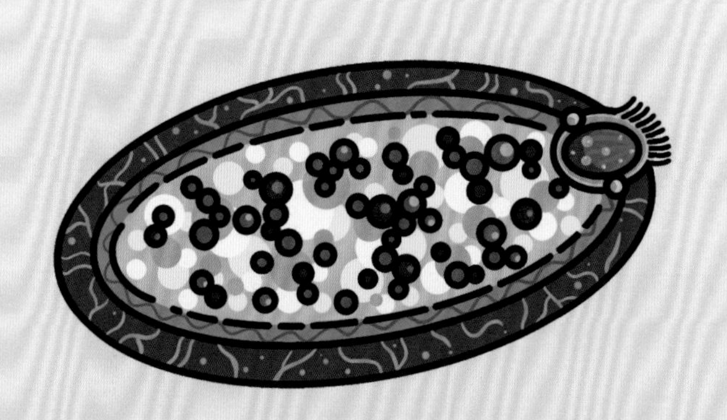

西伯利亚阔口罐病毒是目前已知年龄最大、个头最大的病毒，它在西伯利亚地表以下的冰芯中被发现。

在这样寒冷、深邃的地表下，它仍然活着，可见其顽强的生命力，也因如此，它的DNA始终无法被降解，传染性也因此增强。科学家将它接种到阿米巴原虫（一种生活在水里的极小单细胞生物）体内时，它不仅完成了复制，还感染了所有的阿米巴原虫。

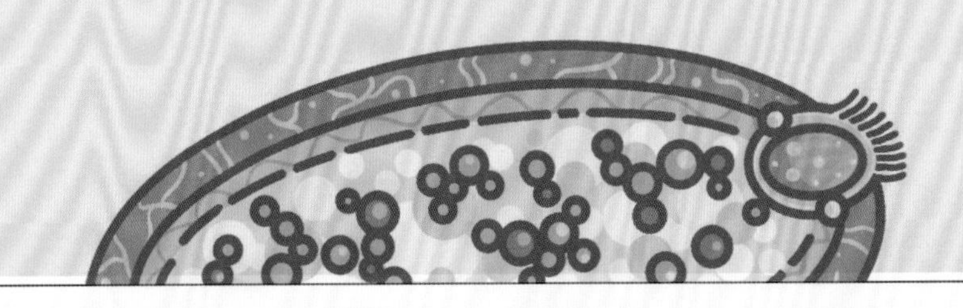

Paramecium Busaria Chlorella Virus 1

绿草履虫小球藻病毒 1 型

能够隐身的病毒

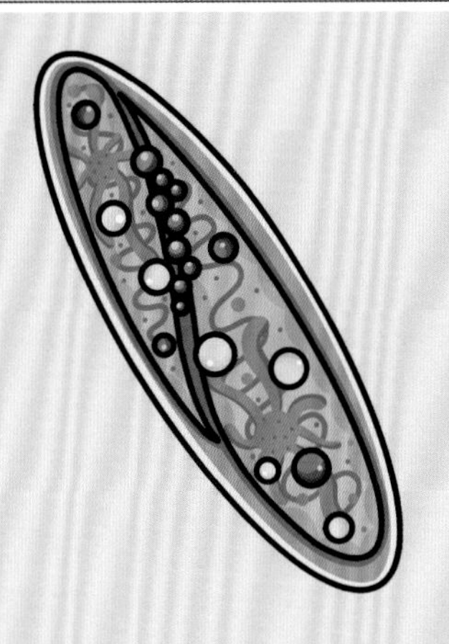

想要了解绿草履虫小球藻病毒1型，可以从拆分它的名字开始。

绿草履虫是一种生活在水中的单细胞生物，小球藻是在绿草履虫等生物体内生存的单细胞绿藻，能够通过光合作用为绿草履虫提供重要的营养物质。绿草履虫小球藻病毒1型有一个特异功能——“隐身”，当小球藻存在于绿草履虫中时，病毒就会隐藏自己；一旦小球藻离开绿草履虫独自生活，它就会出现并消灭小球藻。

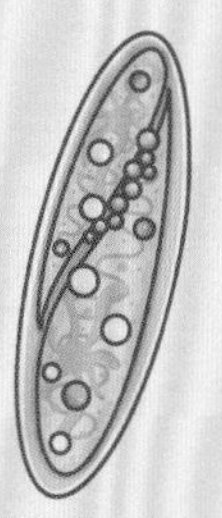

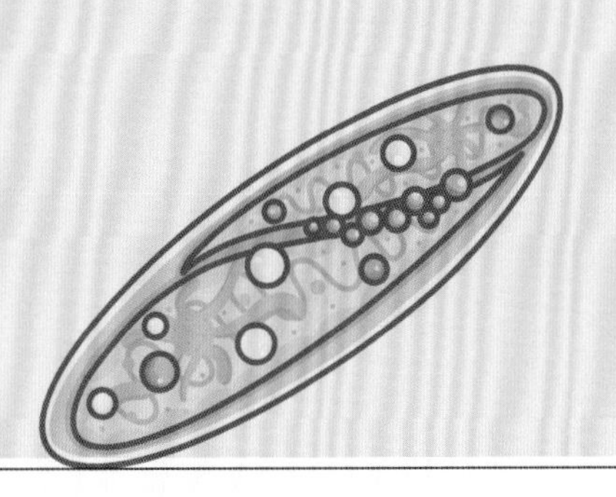

Ophiostoma Mitovirus 4

榆枯萎病菌线粒体病毒 4 型

已知的最小病毒

榆枯萎病菌线粒体病毒 4 型是已知病毒中最小、结构最简单的病毒之一，它存在于榆枯萎病菌中。

榆枯萎病菌是造成榆树病的真菌，可导致大量榆树的死亡。科学家们发现榆枯萎病菌线粒体病毒 4 型在理论上可以用于抑制榆树的真菌病，但由于榆枯萎病菌线粒体病毒 4 型的传播依赖于相邻真菌细胞的融合，无法在森林中广泛传播。在现实中，很难利用榆枯萎病菌线粒体病毒4型来防治榆树感染真菌病。

真菌病毒及原生生物病毒家族

THE MYCOVIRUS AND PROTOBIOTIC VIRUS FAMILY

产黄青霉病毒
（BOSS 病毒）

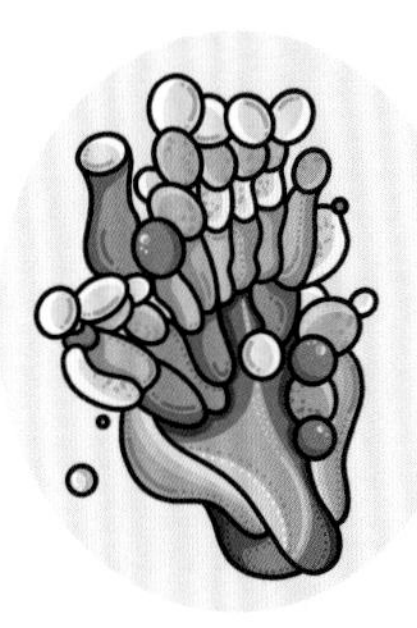

维多利亚长蠕孢病毒 190S

酿酒酵母 L-A 病毒

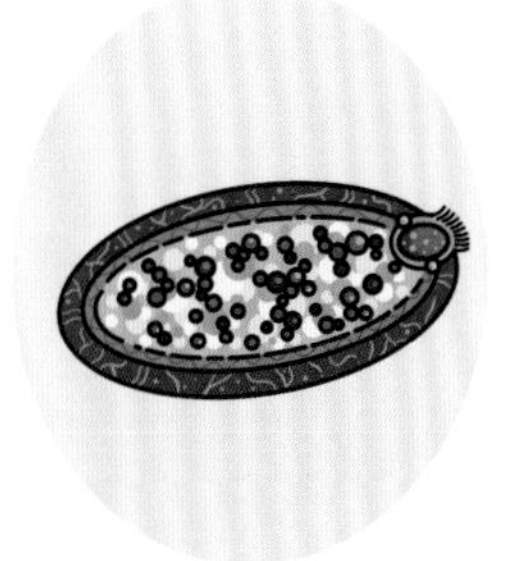

西伯利亚阔口罐病毒

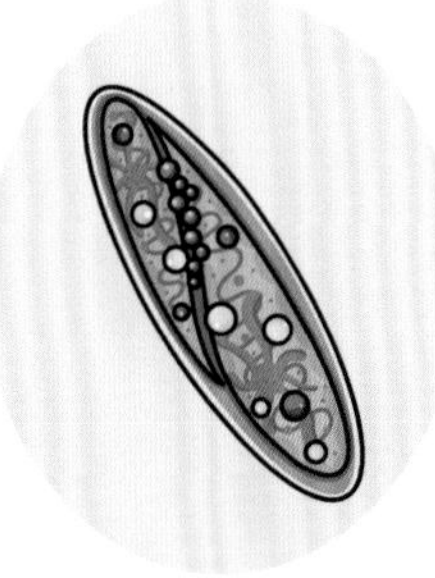

绿草履虫小球藻病毒 1 型

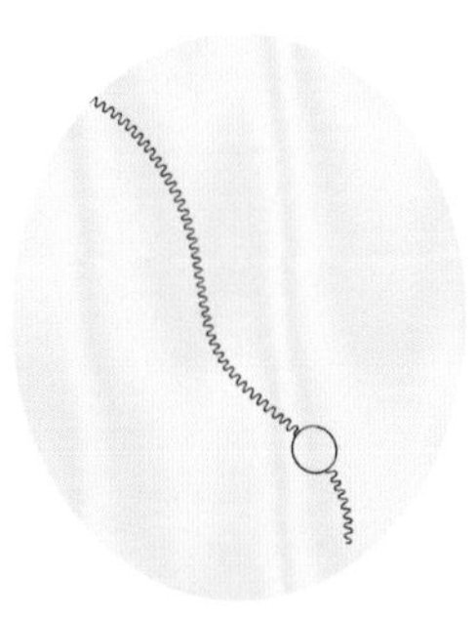

榆枯萎病菌线粒体病毒 4 型

CHAPTER

7

第七章

细菌病毒及古菌病毒

····BACTERIA VIRUS AND ARCHAEA VIRUS ····

大家通常对细菌了解得多一些，而对古菌则了解较少。实际上，在人体肠道等多种类型的环境中均存在着大量的古菌，也有一些古菌生存于高酸性、高盐度等极端的环境中。细菌病毒，又称“噬菌体”，意思是“吃细菌的”，这是由于它们能迅速地消灭寄生的细菌，然而其中很多病毒并不会直接杀死宿主细菌，反而会给宿主细菌带来好处。

在本章中，我们将会对某些在分子生物学研究中起到关键作用的细菌病毒及古菌病毒进行简单介绍，并对某些与人体细菌相关性疾病有关的病毒进行描述。

Enterobacteria Phage PhiX174

肠杆菌噬菌体 φX174

为分子生物学做出贡献的病毒（BOSS 病毒）

第一个
获取基因组全序列的
DNA 病毒

肠杆菌噬菌体 φX174 在分子生物学方面做出了巨大贡献，因为它是第一个被人类获取基因组全序列的 DNA 病毒。

人类将基因组序列看作一串藏着遗传信息的编码，虽然现在可以迅速便宜地获得该编码，但在 20 世纪，科学家们为了获得基因组全序列可谓煞费苦心。

科学家们最终不负众望地取得了肠杆菌噬菌体 φX174 全部的“编码”，这在当时可是一个里程碑事件。

Vibrio Phage CTX

弧菌噬菌体 CTX

促使细菌产生毒素的病毒

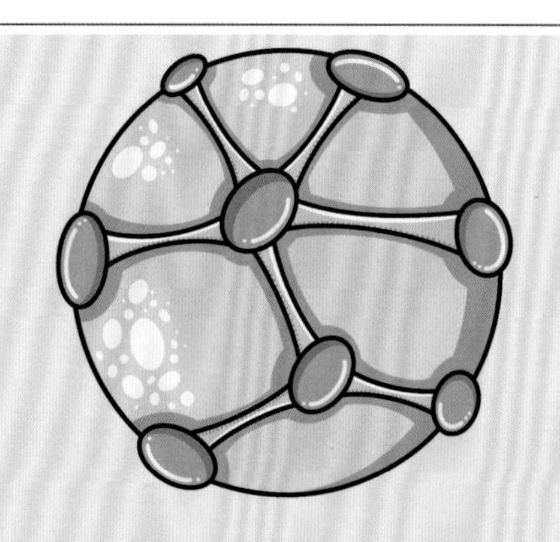

霍乱是一种世界性的传染病，多见于热带、卫生条件差、人口密集的地区。

霍乱由一种叫作霍乱弧菌的细菌引起，通过饮水和食物进行传染。霍乱弧菌致病主要是通过霍乱毒素 CTX 实现的，而霍乱毒素 CTX 实际上是由弧菌噬菌体 CTX 的基因编码形成的。弧菌噬菌 CTX 在进入霍乱弧菌体内后，会把它的基因和霍乱弧菌的基因结合起来，并使它永远地成为这个细菌的一部分，将一个原本不会产生霍乱毒素 CTX 的无害菌转变成致病菌。

霍乱毒素 CTX 对人类造成很大的伤害，但是对霍乱弧菌来说却是有益。患者腹泻时，会排出更多霍乱弧菌，扩大它们的传播范围。

弧菌噬菌体 CTX 对其宿主细菌来说是一种有益的病毒。

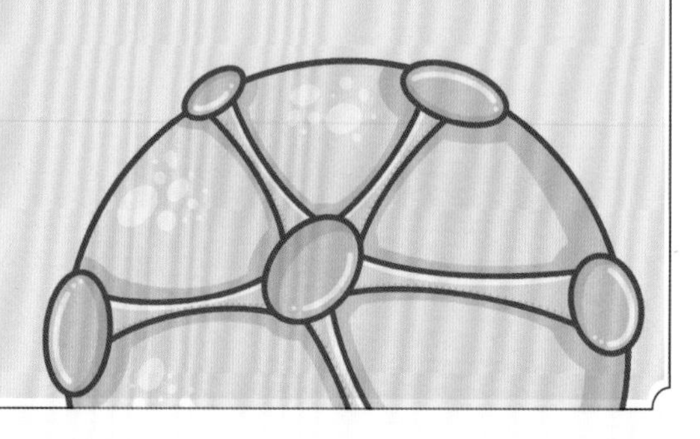

Staphylococcus Phage 80

金黄色葡萄球菌噬菌体 80

协助“毒力岛”转移的病毒

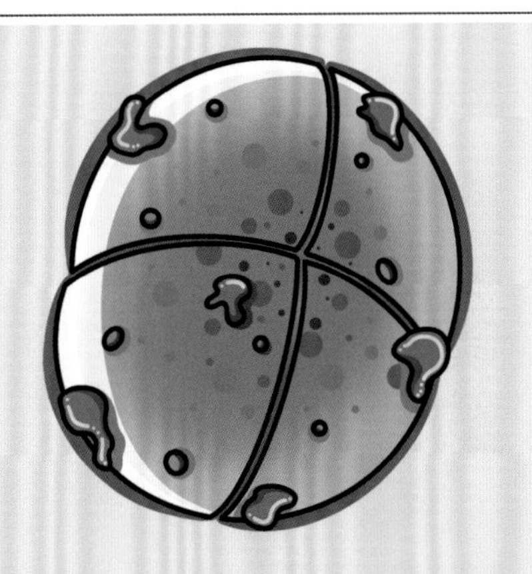

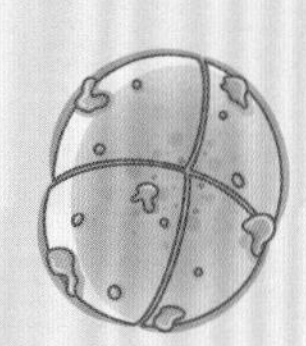

金黄色葡萄球菌 80 是一类引起人类伤口感染、生疮、化脓，甚至导致中毒或休克的细菌。

金黄色葡萄球菌 80 可以导致多种疾病，因为其体内有一座专门生产毒素的“毒力岛”（基因），而金黄色葡萄球菌噬菌体 80 可以将这个“毒力岛”从一株细菌转移到另一株细菌。

这是噬菌体有益于宿主细胞生存的一个典型例子。

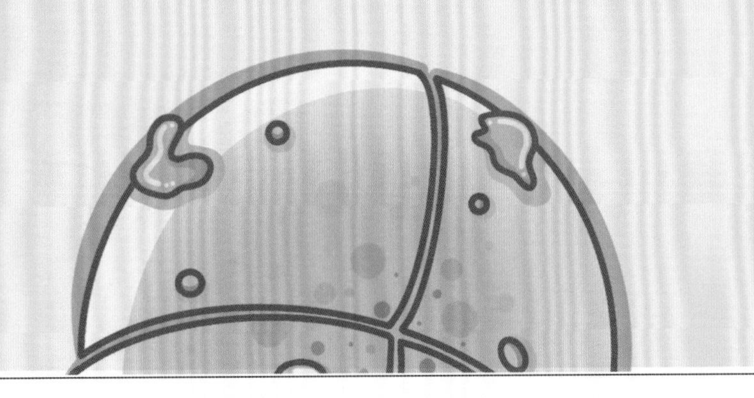

Bacillus Phage Phi29

芽孢杆菌噬菌体 φ29

能感染土壤细菌的病毒

在研究中，科学家们利用芽孢杆菌噬菌体 φ29 的 DNA 复制机制，开发了多种技术，这些技术在分子生物学和基因工程领域有着广泛的应用。

芽孢杆菌噬菌体 φ29 是一种特殊的病毒，它具有很高的抗性和稳定性，可以在极端的温度和酸碱条件下存活。

这使得芽孢杆菌噬菌体 φ29 成为一个理想的工具，可以在实验室中进行高效的 DNA 复制。它的大部分基因组都被用来编码噬菌体复制所需的蛋白质。这使得研究芽孢杆菌噬菌体 φ29 成为揭示 DNA 复制的一个重要突破口。

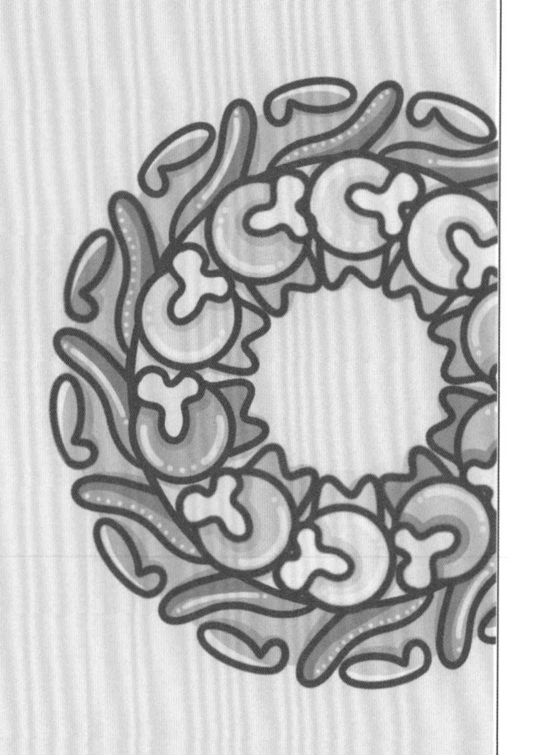

Synechococcus Phage Syn5

聚球藻噬菌体 Syn5

海洋中的重要病毒

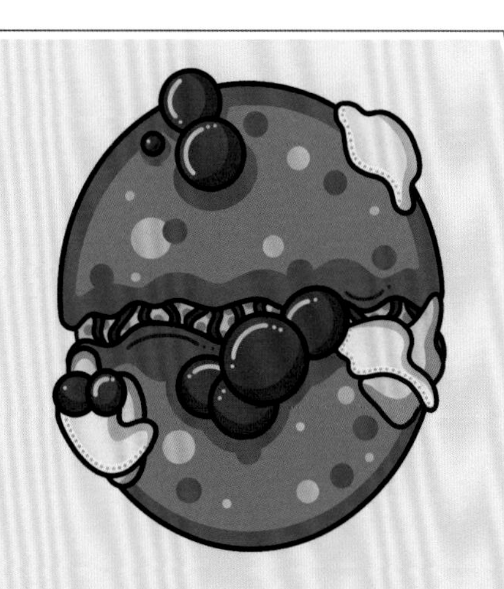

蓝细菌，也称光合细菌，以巨大的数量生活在海洋中，可产生大量的氧气，对地球大气和陆地的生态产生非常重要的作用。

一种主要的蓝细菌是聚球藻，而聚球藻的代谢主要依靠聚球藻噬菌体 Syn5。这种噬菌体在平均每毫升海水中就有 1000 万个病毒颗粒，它们每天负责杀死 20% ～ 50% 的聚球藻，避免这种细菌疯狂繁殖泛滥成灾。

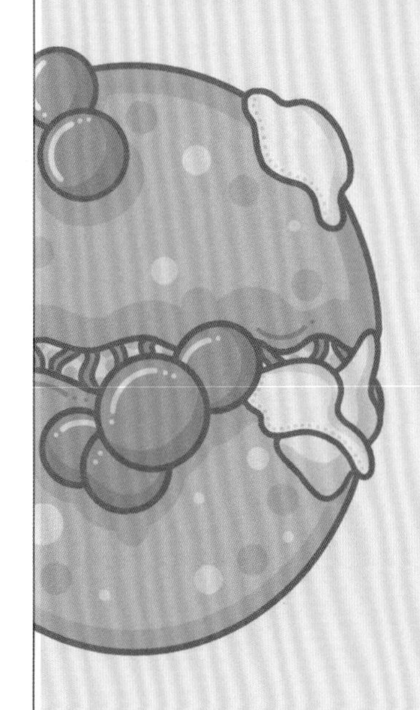

聚球藻噬菌体 Syn5 还能杀灭浮游生物。对海洋甚至地球的生态平衡起到了很大的作用。

细菌病毒及古菌病毒家族

THE BACTERIA VIRUS AND ARCHAEA VIRUS FAMILY

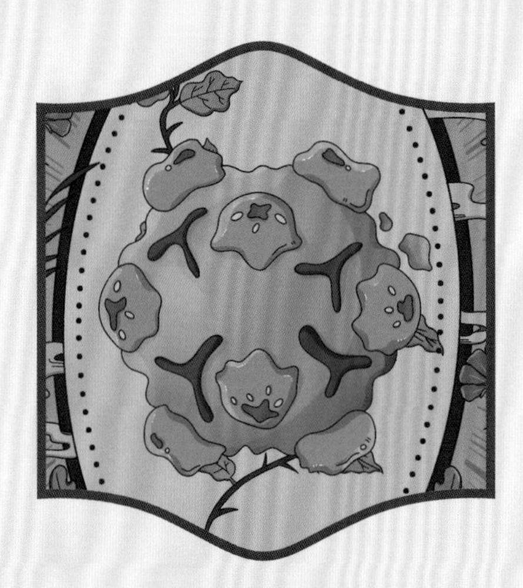

肠杆菌噬菌体 φX174
（BOSS 病毒 2）

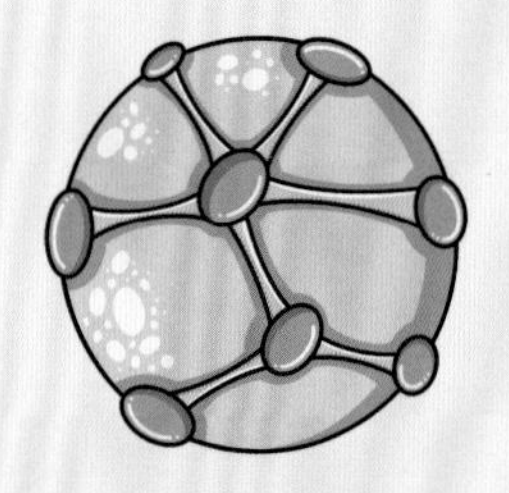

弧菌噬菌体 CTX

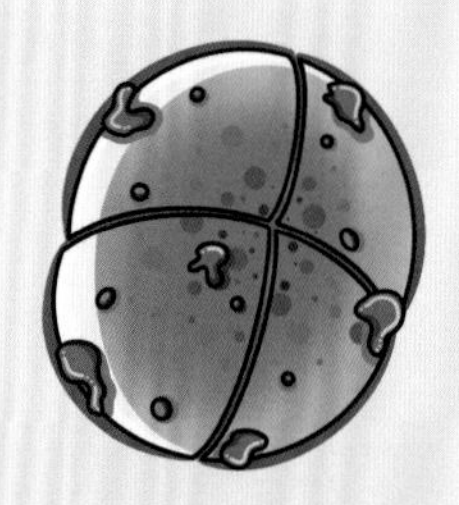

金黄色葡萄球菌噬菌体 80

芽孢杆菌噬菌体 φ29

聚球藻噬菌体 Syn5

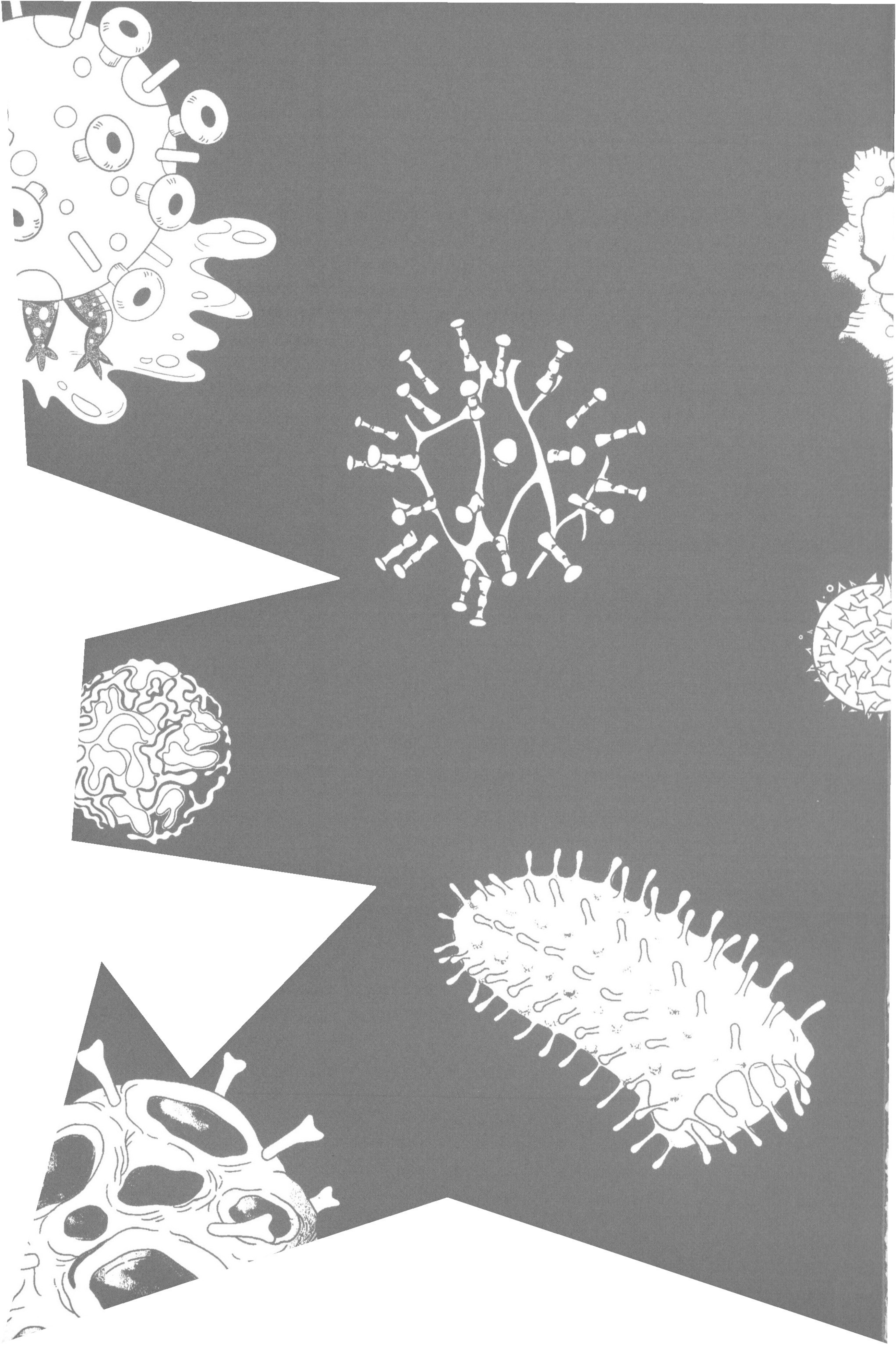